土默特平原苜蓿高效种植技术研究与示范

肖燕子　著

中国农业科学技术出版社

图书在版编目（CIP）数据

土默特平原苜蓿高效种植技术研究与示范／肖燕子著. —北京：中国农业
科学技术出版社，2021.4

ISBN 978-7-5116-5182-2

Ⅰ.①土… Ⅱ.①肖… Ⅲ.①紫花苜蓿-栽培技术 Ⅳ.①S541②S512.6

中国版本图书馆 CIP 数据核字（2021）第 025868 号

责任编辑　陶　莲
责任校对　贾海霞
责任印制　姜义伟　王思文

出 版 者　中国农业科学技术出版社
　　　　　北京市中关村南大街 12 号　邮编：100081
电　　话　（010）82106625（编辑室）　　（010）82109702（发行部）
　　　　　（010）82109709（读者服务部）
传　　真　（010）82106625
网　　址　http://www.castp.cn
经 销 者　各地新华书店
印 刷 者　北京建宏印刷有限公司
开　　本　710mm×1 000mm　1/16
印　　张　7.75
字　　数　118 千字
版　　次　2021 年 4 月第 1 版　2021 年 4 月第 1 次印刷
定　　价　88.00 元

前　言

豆科牧草中苜蓿（*Medicago sativa* L.）栽培面积大、经济价值高，具有产量高、抗性好、品质优等特点，该种牧草起源于小亚细亚、外高加索、伊朗、土库曼斯坦等高地。

苜蓿本属约70多个种，分布于地中海、非洲和西南亚，我国共有13个种。苜蓿适宜生长在温暖地区，在北半球呈带状分布，加拿大、美国、法国、意大利等地是其主产区。南半球仅分布于某些国家，例如澳大利亚和新西兰等地。

苜蓿是中国最重要豆科牧草饲料之一，种植历史悠久，具有较强的适应性，能够提供优质高产的饲草。苜蓿一般调制成干草后具有较高的营养价值，可为草食家畜提供较高的营养，对优化草牧业起到重要的作用。它含有磷、钾、钙、镁、硫和其他微量元素以及免疫活性多糖等营养成分。在豆科牧草中，苜蓿的粗蛋白质含量最高。研究表明，若要奶牛的单产水平达到8t以上，并保证奶牛的健康，最好是饲喂优质的紫花苜蓿。苜蓿在改良土壤方面亦具有很强的生态功能，种植多年后不仅可以改变根际土壤微生物群落的组成结构，也可有效提高根际土壤微生物群落的多样性。苜蓿可以进行单播和混播，种植苜蓿是提高草地生产力的基本方法，能够增加土壤有机质含量，也能通过根瘤菌的固氮能力大大提高氮的可用性。

家畜的谷物和精饲料可用蛋白质含量高的苜蓿来代替，这有助于解决我国蛋白质饲料供应不足的问题，发展草食畜牧业，以草业推动畜牧业，进一步发展和完善"粮食作物—经济作物—饲料作物和牧草"三元结构。随着草原生态环境保护建设力度的不断加强和2012年农业部（现'农业农村部'）和财政部启动的"振兴奶业苜蓿发展行动""退耕还林还草""京津风沙源治理""退牧还草"等工作的全面展开,苜蓿产业在生态环境的改善、经济效益的提高及新经济增长点增加等方面发挥着越来越重要的作用。伴随着我国奶产业进入迅猛发展阶段,人们更注重牛奶的质量,特别是近些年奶牛规模化饲养水平的不断提高,发展苜蓿产业刻不容缓,对苜蓿的质量和产量也有了更加严格的要求。为了保证奶业安全稳定的发展,国家将苜蓿产业纳入"十二五"发展规划范围,并在政策和资金上给予大力支持,苜蓿成为战略性保障饲草无可厚非。苜蓿所拥有的产业化程度和技术水平是我国现代草业的标志,同时其在我国奶牛饲养水平的考量中也有体现。优良苜蓿种植面积的逐渐扩大,不仅解决了我国优质牧草的供需矛盾,而且还促进了传统的粮食—经济作物二元种植结构逐步向粮食—经济作物—饲料作物三元结构顺利转变,同时可有效地促进畜牧业的发展,还可以提高农牧户的经济效益,对生态治理和恢复也起着非常重要的作用。2015 年 2 月 1 日,中共中央、国务院发布的一号文件《关于加大改革创新力度加快农业现代化建设的若干意见》中提到:加快发展草牧业,支持青贮玉米和苜蓿等饲草料种植,开展粮改饲和种养结合模式试点,促进粮食、经济作物、饲料作物三元种植结构协调发展。

近年来,随着畜牧业的迅猛发展和牧区牲畜饲养数量的增加,特别是舍饲养殖业的兴起,对饲草饲料,尤其是对高品质植物性蛋白质饲料的需求与日俱增。苜蓿等豆科牧草蛋白质含量高达 20% 左右,用于动物饲养中,可节约精饲料用量,有助于解决我国蛋白质饲料供应不足的问题。同时,由于生态环境恶化,牧草急剧减少,草畜矛盾已成为制约畜牧业可持续发展的瓶颈。因此,如何保证饲草的充足均衡供应、提高饲草饲料利用率、缓解草畜矛盾成为亟待解决的难题。

随着经济的迅速发展,人们对草食畜牧业的产品需求也有所增加,肉、蛋、奶等畜产品的需求持续增长。统计表明,中国的畜牧业产值达到农业总产值的 1/3,中国禽蛋、肉类产量达到世界第一位,奶类产量居世界第三位,但人均奶类占有量仅为世界人均水平的 1/4,因此优质苜蓿具有很大的市场需求。鉴于苜蓿所独具的生态性能、生活性能和生理性能以及国家农业结构的战略大调整,发

展苜蓿产业已经成为实现生态效益、经济效益和社会效益三者有机结合的最佳选择。

近年来，随着蒙牛、伊利等奶业公司的发展壮大及人们对食品质量安全的要求，呼和浩特市及周边地区奶牛养殖业呈快速发展之势，对优质苜蓿干草的需求日益增加；与之相适应，苜蓿种植面积逐年扩展，出现了为数众多的规模化种植园区。但该地区苜蓿规模化种植历史相对较短，研究基础薄弱、技术研发严重滞后于产业发展，这一切严重制约着苜蓿饲草高效生产和产业的健康发展。为此，本研究对苜蓿农艺性状及肥料利用效率等一系列关键技术问题进行了较为细致的研究，为苜蓿高产栽培技术科学化及营养物质合理化提供必要的管理措施和理论依据，并为"乳都"牧草生产的主产区及内蒙古自治区（以下简称内蒙古）苜蓿栽培的优势产区提供理论指导和技术支撑。

首先，对来自国内外的 12 份苜蓿种质的农艺性状进行评价，通过单位面积产量及营养成分分析，评价筛选适宜该试验区种植的高产优质苜蓿品种；其次，在此基础上，进行合理栽培技术研究，查验密度效应对苜蓿植物学特征、产量和营养价值的影响；最终，根据合理栽培技术，采用"3414"土肥试验，筛选高产、优质苜蓿干草生产的田间管理技术，结合理论优化模型和计算机模拟寻优技术，得到最佳苜蓿田间管理技术体系，这对促进安全、高效、生态农业的发展，提高我国奶业安全水平、确保畜牧业发展具有深远意义。

由于著者水平有限，如有偏差和不妥之处，敬请批评指正。

著　者
2020 年 11 月

目　　录

第一章　苜蓿产业发展现状

第一节　国外苜蓿产业发展现状

苜蓿产业化即利用现代先进技术对其进行的专业化商品生产。20 世纪以来，随着社会的进步和科技的创新，草业的发展越来越受到欧美国家的重视，并视其为"绿色黄金"，一些发达国家的农业总产值中草地畜牧业约占其 50%，有的甚至高达 80%。

《中国草业统计》数据显示，世界苜蓿的种植面积约为 2 722 万 hm²，美国种植面积最大，约占总面积的 30%，其次为中国、阿根廷和俄罗斯，种植面积分别为 475 万 hm²、350 万 hm² 和 320 万 hm²。苜蓿作为美国的主要作物之一，种植面积约占其耕地面积的 1/3，仅次于玉米、小麦和大豆这 3 种主要作物，其产业化发展程度较高。美国苜蓿干草生产量最高的是加利福尼亚州，产量为 660 万 t，其次为爱达荷州，干草产量为 464 万 t。美国和中国处于世界苜蓿产业化进程中的领先地位，阿根廷和俄罗斯紧随其后。2014 年全球苜蓿干草产量最多的国家是美国，为 6 145 万 t；其次是中国，为 357.9 万 t。美国和加拿大是世界上苜蓿种子生产的两大主要国家，美国在 2014 年苜蓿种子出口量为 2 462.29t，同比 2013 年苜蓿种子出口量减少 30.91%，2014 年种子产值为 1 283.54 万美元，同比 2013 年的种子产值减少 43.16%。美国除供应本国苜蓿种子需求外，还大量出口；2014 年加拿大苜蓿种子产量为 1 687.26t，其中一半以上用于出口。

苜蓿产品包括种子、干草捆、草饼、草块、草粉及草颗粒等饲草产品。美国和加拿大是苜蓿干草的主要出口国，2013 年美国出口苜蓿干草 205.8 万 t，2014 年出口的苜蓿干草为 176 万 t。2013 年加拿大的苜蓿干草出口量为 13 万 t，2014 年出口的苜蓿干草 10.5 万 t。相比之下，在苜蓿干草出口数量方面美国占优势。当前，亚洲地区是世界上最大的苜蓿产品进口市场，主要进口国家是日本、韩国和中国，日本 2014 年苜蓿干草进口量为 185.8 万 t，其中，来自美国的产品约占 70%，来自加拿大的产品约占 20%，其余来自新西兰和澳大利亚。苜蓿广泛的适应性和极高的饲用及经济价值，使其被视为"绿色黄金"，不仅是现代奶业、肉业发展的重要物质基础，也是新型绿色经济产业发展的重要条件。

第二节　国内苜蓿产业发展现状

我国是苜蓿种植、生产和需求大国，苜蓿的种植与发展不断波动。苜蓿占全国牧草生产面积的 21.56%。2012 年苜蓿的种植面积为 416 万 hm^2，2013 年苜蓿种植面积为 496 万 hm^2，2014 年苜蓿的种植面积为 475 万 hm^2。我国西北、华北和东北地区是主要的苜蓿种植地。西北地区种植商品苜蓿产量为 250.4 万 t，华北地区种植商品苜蓿产量为 61.23 万 t，东北地区种植商品苜蓿产量为 26.33 万 t。我国种植商品苜蓿面积最大的省是甘肃省，为 19.6 万 hm^2，产量最大，为 203.6 万 t。全国商品苜蓿草产品主要以草捆、草颗粒和草块为主，2014 年苜蓿草产品产量为 141.4 万 t，其中，草捆占 72.70%，草颗粒占 12.45%，草块占 2.12%，其他产品占 12.73%，草捆量逐年增加。2014—2019 年进口苜蓿九成以上来自美国，其他来自西班牙、加拿大等国。2018 年因中美贸易摩擦国家提税 25%，一级苜蓿干草价格上涨至 3 200 元/t；2019 年，一级苜蓿干草价格均在 2 800 元/t 以上。2020 年 1—7 月我国进口苜蓿草总计 73.57 万 t，占干草进口量的 78.37%，进口金额总计 26 707 万美元，平均到岸价 362.91 美元/t。从进口来源国看，进口苜蓿主要来自美国，占苜蓿总进口量的 87.18%。

2014 年新疆维吾尔自治区（以下简称新疆）的苜蓿产量最高，占全国苜蓿草产量的 23.73%，其次是甘肃省、陕西省、宁夏回族自治区（以下简称宁夏）和内蒙古。占全国苜蓿生产面积 10% 以上的省份有新疆、甘肃、陕西和内蒙古。2014 年全国各地苜蓿干草产量为 3 285.2 万 t，新疆最高，为 775.7 万 t；其次是甘肃省，为 675.2 万 t。2014 年全国商品苜蓿干草产量为 357.9 万 t，商品苜蓿种植面积为 39.867 万 hm²。我国苜蓿种子进口来源地主要是美国和加拿大，2014 年总计进口数量为 2 462.29t，消费额为 1 283.54 万美元。主要进口地区是内蒙古、北京和甘肃省，2014 年进口数量同比 2013 年进口数量增加 30.91%，销售额比 2013 年增加 43.16%。综合分析，我国的苜蓿产业发展水平仍然低于畜牧业发达的国家。

内蒙古是中国五大牧区之一，牧草产业实现从无到有、逐渐发展壮大得益于得天独厚的自然条件和气候环境，内蒙古是大面积种植苜蓿的优生地区。该地属于温带干旱、半干旱地区，年均降水量 50~450mm，光照时数达 2 600~3 400h，年平均气温 6~9℃，无霜期为 80~160d。且生物气候、土壤种类、植被类型、生态类型和水热条件等方面均具有明显的多样性。苜蓿适宜在年降水量 250~900mm 的半湿润至半干旱温暖气候条件、年平均气温在 2~8℃ 地区生存，且要求土壤富含钙质、透气状况良好，适于在 pH 值为 7.5~9 的弱碱性的壤土或沙壤土生长，而内蒙古的气候条件正适宜苜蓿的生境条件。内蒙古降水量少、光照充沛、雨热同期，土壤多为壤土、沙壤土及部分盐碱地，土壤钙质丰富。内蒙古商品苜蓿干草主产区为通辽、赤峰、呼伦贝尔、鄂尔多斯和巴彦淖尔，经过多年的栽培选育，该区培育出了能够适应当地气候等种植条件的多个苜蓿品种，有敖汉苜蓿、准格尔苜蓿、草原 2 号和草原 3 号杂花苜蓿、中苜 1 号、中苜 2 号紫花苜蓿等优质品种，并正在大面积推广种植。土默特平原位于内蒙古中南部，整个平原地势平坦，气候条件适宜，土壤肥沃，水源丰富，是内蒙古的"米粮川"。近年来，随着蒙牛、伊利等奶业公司的发展壮大，依托良好的自然条件和区位优势，土默特平原已成为"乳都"，具有成为苜蓿干草消费市场和苜蓿青贮就地转化利用市场的潜力。但苜蓿规模化种植历史相对较短，研究基础薄弱、技术积累少，技术研发严重滞后于产业发展，生产技术对产业的支撑不足，制约了苜蓿产业进一步的健康发展。因此，通过对不同苜蓿品种产草量、营养价值的比较，筛选出产草量、营养价值均最优的苜蓿品种，并且为当地引进新的苜蓿品种资源，建立优良苜蓿栽培草地，提供优良种质，给家畜提供优质的苜蓿饲草，对提高我国奶业安全水平、确保畜牧业发展具有深远意义。

第二章　苜蓿栽培技术研究进展

第一节　苜蓿品种比较鉴定研究

胡卉芳等（2003）将从国外引进的几个苜蓿品种种植于呼和浩特地区并对其进行品比试验，试验结果显示，几种参试的品种都能够在试验区内正常越冬，其中 Alfala queen、32IQ 和 WL-232HQ 3 个品种的鲜草产量较高。

于林清等（2003）对 24 个经国家审定的苜蓿品种在呼和浩特郊区的越冬率、牧草产量等指标进行测定，并调查记载了部分品种的抗性特征，建议在内蒙古西部地区推广种植公农 2 号和中苜 1 号品种。

马其东等（2003）对从美国引进的 21 个品种进行了适应性和生产性能的比较试验。试验结果显示，在参试的品种中，WL323 品种的苜蓿干草总产量最高，且能适应北京及周边地区的气候环境，有较好的推广利用价值。

孙彦等（2001）将国内外引进的 8 个紫花苜蓿品种种植于中国农业科学院试验地，进行了产量比较试验，结果发现 RS 与中苜 1 号的表现优于其他品种，建议在北京及周边地区进行大面积的推广种植。

王成章等（2003）在河南农业大学试验地内对从美国引进的 4 个紫花苜蓿品种进行了品种比较试验。研究发现，最具推广价值的品种是 78-1，推广意义相对较高的品种是 MHA1，剩余 2 个品种和国内品种差距不大，但同样具有推广意义。

赵萍等（2003）对 15 个苜蓿品种在宁夏固原市农业科学研究所试验场内进

行了 2 年的引种观察试验。试验结果发现，在 12 个 CW 系列引进品种中，WL342 和金皇后的饲草产量均高于当地苜蓿产量；此外，引入品种具有高的抗病能力和较快的生长速度，同时品种间存在显著性差异。

林永生等（2003）在福州中山地带做的引种试验中，对 8 个苜蓿品种做了分析。研究表明，8 个苜蓿品种均能正常生长发育，而且在盛花期刈割苜蓿，1 年可刈割 3 次，其中 WL414 的综合性状表现最好，适合在本地区进行大面积推广种植。

张榕等（2003）将引进的 6 个国外苜蓿品种与当地陇中苜蓿于定西市安定区西川旱川地内进行对比试验。通过对参试品种进行 1 年的农艺性状观察测定，初步筛选出 4 种有培养前途的苜蓿品种，同时，还提出了控制外引品种病虫害传播的办法。

吕会刚等（2001）对 6 个苜蓿品种在北京中国农业科学院畜牧研究所试验田内进行比较试验。结果表明，国外苜蓿品种的生长速度和再生速度高于敖汉苜蓿，但敖汉苜蓿的抗寒性强于国外苜蓿。在产草量方面，品种间没有显著的差异性。如果将品种进行搭配种植，大面积生产时会便于机械化收割。

第二节　密度效应的栽培研究

一、种植密度对草产量及生物学特征的影响研究

在良好的种植条件下，紫花苜蓿获得高产的关键是有适当的播种技术和田间管理。每一个植株个体在作物群体中所占的营养面积大小即为其种植密度。苜蓿田获得高产的前提条件是有合理的种植密度，主要体现在开放、直立的株型有利于蜂类等接近花朵进行传粉，有利于光线射入，提高植株生长所需的土壤温度和气温，降低株丛湿度，减轻地上部分的病害和地下部分的虫害发生，促进植株生长，提高植株抗性，便于田间管理。

种植密度高的条件下，作物主要靠上面的绿叶部分吸收光能，茎细胞伸长量增加，株高增加。在稀植条件下，植株群体内补的光照强度强，随着种植密度的

降低，植株中部和下部光照有增加的趋势，细胞伸长量小，株高就会降低。植株的株高又影响作物的受光势态和光合作用。叶面积和冠层结构作为作物群体结构的重要指标，作物的光合作用也受其二者的变化影响。Saratha 等（2001）报道，延长叶面积的持续期，可增加干物质的积累。叶面积指数随着大豆的密度增加呈现增加的趋势。结荚期叶面积指数与产量有相关性，为保证大豆的产量一定要在结荚期保证适宜的叶面积。小麦叶面积指数受种植密度和行距的影响明显，其中同一密度下适宜的行距配置有利于增加小麦群体的叶面积指数。根蘖型苜蓿随种植密度增大，其单株水平的根数和根重反而会减小，呈负相关关系，种植密度大，植株的根蘖性状表现不好，单株水平下的根少并且细弱。植株个体的营养面积、生长发育随着种植密度增加出现衰退现象，即单株面积变小，茎秆变细。苜蓿的生长和发育受种植密度的影响，种植密度不一的苜蓿，其群体间的竞争强度也不同，在生长发育过程中存在地上与地下器官争夺空间和资源的情况，最终会影响其个体的发育和产量。

在适宜的栽培密度范围内，种植密度越大，苜蓿的产草量也越多，但种植密度应保持在一定合理范围之内，密度太大，超过合理的范围则产量下降，品质亦降低。Jeffersin 和 Cutforth（1997）研究发现，当苜蓿播种量在 6~18kg/hm² 范围时，草产量可增加 40kg；当播种量超过 18kg/hm² 时，草产量反而开始下降。Kephart 等（1992）研究发现，种植株丛增加时，单位面积上的产量随着株丛的增加随之增加，但植株的茎数和单株重量却下降。林洁荣等（2001）报道当年牧草的分枝数受其种植密度的影响非常显著（$P<0.01$），牧草种植密度越大，其分枝数相应越少，植株重量、植株枝条数和每一枝条的节数、茎粗和重量趋于下降，且随种植密度的增大单株产量直接受单茎重量的影响。Rumbaugh 等（1983）研究发现，随着苜蓿种植密度的增加其茎粗、茎秆长、枝条数、单株产量下降。苜蓿的当年草产量受种植密度影响非常显著（$P<0.05$），而种植密度对翌年的草产量影响不显著（$P>0.05$）。Rowe（1988）发现在高、中、低 3 种不同种植密度条件下的苜蓿，其草产量随密度增加而增加，但单株重却随密度的增加而降低，而植株的个体死亡率随种植密度的增加而增加。且在高密度情况下，植株间竞争力强，生活力差的个体易死亡，有利于提高抗逆性和产量。

苜蓿的植株密度与播种量呈线性正比关系,合理控制苜蓿的播种量最合理有效的办法是控制种子播量,在生长环境不适宜、田间管理水平低的地区,为了保证出苗率,种子田的实际播种量应该大于最适播种量。

二、密度效应的栽培研究意义

作物栽培技术中种植密度大小至关重要,种植密度越大,植株茎秆越细,越易倒伏,为了获得最大的籽实产量,在苜蓿种子生产中保证合理的种植密度是很有必要的。国外已经对苜蓿种植密度有了一定的研究,但大多数是从单位面积苜蓿的株丛数量考虑。为此,应通过对苜蓿的行距和种植密度进行认真研究,以探索出既能大规模生产,又能增加苜蓿种子和干草产量的种植密度,进而为指导当地苜蓿种植提供理论基础和实践依据。

第三节　测土配方栽培研究

一、测土配方施肥研究

当前施肥在农业生产过程中存在着很大的盲目性,施肥过量一方面会浪费肥料资源、增加生产成本、降低农产品品质,另一方面还会严重污染环境;施肥过少又达不到作物的增产效应。在此前提下,一项先进的施肥技术——测土配方施肥技术应运而生,该技术是将科学测试与电脑配方相结合的一项综合性施肥技术,通过对土样的采集和化验,并结合电脑配方施肥手段,有目的地给作物补充养分,实现作物"缺什么补什么",使肥料正好满足作物生长需求,改变了以前盲目施肥和凭经验施肥的旧习惯,做到科学合理施肥,达到增产、增效、节约成本、保护环境的目的。自19世纪40年代德国化学家李比希提出"矿质营养学说"后,现代农业生产就离不开化肥。农作物生产过程中有些营养元素来自化肥,化肥能够提高作物的产量,可满足人口对粮食的需求,给农业生产带来显著的经济效益,但对农业生态环境也造成了一定的影响。而解决此现状的根本措施是建立一套科学的施肥体系,测土配方施肥正是建立在此基础上的一套科学的施肥体系。

测土配方施肥提出了肥料的最佳使用量、使用时间和使用方法。该方法是根据农作物不同生长阶段的需肥规律、土壤的肥料供应能力和肥料施用后所发挥的效应并结合土壤测试和田间试验而得出。该技术的核心是解决作物生长的需肥水平与土壤的供肥能力之间的矛盾。近几年中国农业科学院在全国进行的测土配方施肥技术的示范研究中发现，使用该技术后水稻、小麦、玉米、大豆、蔬菜、水果等的增产量分别为 15.01%、12.61%、11.42%、11.23%、15.34% 和 16.21%，同时还可以诊断出限制作物产量的主要养分因子，为当地作物获得高产和合理施肥提供科学理论依据，提高施肥的针对性。

二、测土配方施肥的意义

测土配方施肥在现代农业中是一项具有非常突出经济效益的农业技术，是实现改善农作物品质、提高农作物产量、增加农民收入、提高肥料利用率、培肥地力、保护生态环境和减少环境污染的重要措施，是一项惠及亿万农民，事关我国农业可持续发展的项目。进行测土配方施肥在农作物丰产和粮食安全生产方面具有重要意义。通过测定土壤中的养分，并结合农作物生长过程中对肥料的需求，才能有效确定所需肥料的种类和施用量，起到改善土壤营养状况，实现作物稳产、增产目的，最终实现化肥的高效利用和粮食的安全生产。我国目前的化肥利用率一般在30%左右，其中氮肥利用率为20%~45%，磷肥利用率为10%~25%，钾肥利用率为25%~45%，造成肥料利用率低的主要原因是施肥量、施肥比例不合理。配方施肥一方面可控制施肥量提高肥料利用率，另一方面可使农民降低生产成本增加收入。农业生产中肥料的投入量很大，但其只有很小一部分能被作物利用，大部分经挥发、淋溶后固定在土壤中。因此，提高肥料利用率、降低肥料资源的浪费在农业生产中至关重要。测土配方施肥技术在施肥效益和增产作用方面效果明显，具体体现在：测土配方施肥可不增加化肥的施用量，仅通过调节N、P、K肥施用比例就能达到增产效应，在肥料资源充足且产量高的地区，通过少施肥同样能达到增产或平产效果；在土壤贫瘠地区，通过多施肥可达到增产、环保效果。不合理施肥会浪费大量的肥料，而且部分浪费的肥料还会随空气流动进入大气中，造成生态环境破坏，如 N、P 等元素大量流入海水可造成水体富营养化。总之，测土配方施肥技术是现阶段科学施肥体系的核心技术，其目的是在农业生产中使肥料的正面作用最大化，负面作用最小化。

三、测土配方施肥基本技术环节

1. 土壤测试

制定肥料配方的一项重要依据就是土壤测试结果，近年来我国种植结构的不断调整，出现了大量高产的作物品种，相应的肥料结构和施肥量也发生了较大变化，土壤中养分含量显著增加。因此，有必要对土壤中 N、P、K 肥和中微量元素养分进行测试来了解土壤的供肥能力状况。

2. 田间试验

建立施肥指标体系首先需对施肥后的效应进行田间试验，该方法也是筛选、验证土壤养分的一项基本手段。施肥指标体系可确定各个施肥单元，不同种类作物的最佳肥料施用量、肥料种类、基肥与追肥比例及施肥时间等，还可以得出土壤供肥能力、土壤养分校正系数、不同作物对养分的吸收量和肥料利用率等基本参数，并通过构建作物施肥模型，为施肥分区和肥料配方提供依据。

3. 配方设计

测土配方施肥的核心是肥料配方的设计。对不同地区进行施肥分区可依据田间试验和土壤养分数据得到；同时，不同作物的施肥配方可根据当地的气候条件、土壤类型、耕作制度等并结合专家经验得出。

4. 校正试验

以当地主要作物和主栽品种为研究对象，将每个施肥区分为配方施肥区、农户常规施肥区和空白施肥区 3 个单元，这样既确保了肥料配方的科学准确性，又将肥料的批量生产和大面积应用的风险降到最低，并通对配方施肥增产效果的分析，不仅达到了对施肥参数的校验和肥料施用配方的完善，还可以提高测土配方施肥技术参数。

四、"3414" 方案设计

"3414" 是一项重要的试验设计方案，利用该方案进行试验分析，可确定出作物的最佳施肥比例、施肥量和施肥方法，目前被国内外广泛应用，又因其回归最优设计处理少、效率高的特点，被农业农村部推荐为最优的测土配方施肥方案。"3414"试验方案可作为一个完整的三因素试验用于建立三元二次肥料效应回归方程，而且还可以作为3个二因素或3个单因素试验建立二元或一元肥料效应回归方程。"3414"试验的直观可比性便于实施与示范推广。因该试验不属于完全的三因素四水平试验，只是在完全试验的64个处理筛选出的14个典型处理，所以在实际操作时需要注意以下问题。① 要求严格的土壤肥力，土壤肥力的均匀度要高，稍有差异都会对试验结果造成严重影响。② 严谨的试验操作，将人为误差降到最小。③ 必须设置重复试验，将试验误差降到最低，最少为2次。④ 对结果进行验证分析，结合当地的实际生产情况、土壤化验结果和配方设计施肥。⑤ 合理设置试验水平，试验结果都基于水平2，因此要依照历年试验结果不断修正水平2，保证水平2的施肥情况在最佳水平范围内。⑥ 选择正确的供试品种，肥料的肥力作用直接受品种的丰产性和抗逆性影响，因此必须选择高产、抗倒、抗病的品种，才能使肥效发挥至最大。

第四节　苜蓿生物学特性及品质研究

一、苜蓿生产性能的研究

苜蓿是优良牧草作物，其营养成分全面，富含丰富蛋白质、微量元素和十几种维生素。苜蓿不仅营养丰富、产量高，且适应性强、适口性好。生长寿命可达30年以上，在农牧业生产发展和保护环境等方面发挥着重大作用。

（一）苜蓿株高变化趋势研究

在影响苜蓿产量众多性状中株高的影响最大。由于牧草的生物学特征，其生长过程呈"S"形曲线，植株高度既可描述牧草生长状况，又能反映草地生产能力高低，反映牧草生长状况和其产量高低的一个特征量是植株高度，通常高植株具有更高的相对产量潜力。洪绂曾等（2009）报道，苜蓿株高在分枝前生长较缓，分枝期开始后生长加速，现蕾期后苜蓿大部分养分用于生殖生长，生长状态放缓，开花期几乎不生长，此时株高达到最大值。苜蓿的株高随着生长年限的增加而增加，但到一定年限后，株高会呈下降趋势。白玉龙等（2002）针对苜蓿株高和生长年限关系的研究认为，苜蓿株高与株龄呈线性极显著或显著相关。

（二）苜蓿茎叶比变化规律研究

苜蓿饲草以收获地上的茎和叶为主。由于苜蓿中的蛋白质大部分存在于叶片中，且叶片具有较好的适口性，因此茎叶比成为评价苜蓿好坏的重要指标之一。杨培志（2003）在对 22 个紫花苜蓿品种早期比较研究中指出，苜蓿在不同品种和茬次间均存在差异，茎叶比随茬次的增加呈上升趋势。单施 P 肥可降低苜蓿茎叶比，提高叶片的含量，从而有效改善苜蓿品质。

（三）苜蓿生物量表现形式的研究

苜蓿的生产性能与经济性能主要是通过其产量来衡量。近年来，很多人就苜蓿产量与地上生物量的评价、苜蓿产量与相关因子关系、通径分析、苜蓿品种特性比较及适应性评比等工作进行了大量的研究。单位面积上苜蓿的干草产量由其植株数量和单株重量所决定，而这两者之间还存在着相互制约的关系，即群体密度下降时单株重量上升，反之亦然。孙建华等（2004）研究发现，生长 3 年的苜蓿其单株的平均干物质产量与植株总的产草量呈极显著正相关，每个茬次苜蓿单株的干物质产量和植株总的干物质产量呈极显著正相关。阎旭东等（2001）发现，苜蓿产草量随着降水量的增加而增加，即呈正相关关系，但不同品种间存在差异。Kalu 和 Fick（1981）研究发现，苜蓿的形态发育与其生物产量的形成和营养物质的积累有密切关系。Volence 等（1987）报道，构成苜蓿生物量的重要因子包含直径、枝条长度、重量、叶片和侧枝数等。随着生育期的推进，苜蓿植株的枝条长度、直径、重量、侧枝数和叶片在不断地增加，同时苜蓿植株的叶片数与叶面积和产量呈正相关。Frakes 等（1961）就苜蓿的丛茎、茎长、分枝数与产量的影响做了研究，结果表明丛茎、茎长、分枝数均与产量呈极显著相关。在种植密度不同的情况下，苜蓿丛茎、茎长、分枝数与其产量的关系密切，其中分枝数对苜蓿产量的影响最大，是茎的 2 倍。研究发现苜蓿的茎长、分枝数、叶片数和节间数与苜蓿产量显著相关，茎和分枝数对苜蓿的产量影响较大，叶片数和节间数对苜蓿的产量影响较小。有研究报道牧草形态特征可以作为产量的选择指标。

　　决定苜蓿生产能力的重要测试指标是苜蓿产量。刚返青的苜蓿发育较慢，随着气温的逐渐升高和雨水的逐渐增多以及植株对生长环境的逐渐适应，苜蓿的生长速率逐渐增大，在整个生育期内呈"缓慢生长—快速生长—缓慢生长"的生长规律，符合 Logistic 曲线。孟昭仪（2001）发现，随着紫花苜蓿植株高度的增加，干草产量也相应增加，呈极显著正相关，而植株所含的叶量随生长高度的增高却下降，即呈极显著负相关，说明节间伸长会导致叶量相对减少。周苏玫等（2000）研究了苜蓿的 10 个形态性状与其产量的关系，发现生育期与产量的灰色关联度最高，株高与产量的灰色关联度次之，茎粗位居第三。由于各因素之间存在着相关性并对产草量构成影响，因此各因素间的作用是相互促进和制约的。

　　生态因素（温度、土壤类型、降水）和苜蓿的品种特性是影响苜蓿草产量主要两类因素。苜蓿与所处的生境条件的相互影响和自身产量逐渐积累的过程即为生长，因此通过对苜蓿产量动态的研究就可以分析其生长发育规律和产量形成规律，还能为苜蓿的大规模生产提供科学依据。秋季苜蓿随着生育期的推进其产草量逐渐下降，夏季苜蓿随着生育期的延后，产草量却逐渐提高。在杨恩忠（1986）的研究中，营养期至盛花期苜蓿的草产量逐渐增加，在盛花期到达高峰，盛花期后开始下降。通常第一茬刈割的苜蓿产草量约占其全年产草量的 50% 以上，之后刈割的几茬草其产量逐渐降低，因此第一茬苜蓿的产草量决定其全年的产草量。孙建华等（2004）连续 4 年对 10 个不同品种的不同种植年限及不同茬次苜蓿的产量性状进行分析得出，第三年是苜蓿的最高生长期，干物质产量在第一茬时的生长速度最大，日均增长速度在第二茬最快。孟昭仪（2001）发现随着苜蓿的株高增加，叶量却不增加或者增加很少，呈极显著负相关（$R = -0.5151$，$R = -0.6545$），与分枝数无显著相关关系。苜蓿干草产量随日增高和株高的增加而增加，呈极显著正相关（$R = 0.6709$，$R = 0.6881$），日增高、株高与青草产量（$R = 0.4982$，$R = 0.5211$）也呈显著正相关。

　　苜蓿的鲜草产量、干草产量与株高、日增长高度和分枝数呈正相关关系，同时产草量高的品种其再生性、种子产量、越冬率和越夏率等也较其他品种好。因此，将草产量高的苜蓿作为品种选择的主要指标，不仅能取得良好的经济性状，还可获得综合性状优良的苜蓿品种。

（四）不同刈割次数对苜蓿生长发育动态与产量的研究

苜蓿具有很强的再生力，一般根据其品种、栽培目的、田间管理水平及长势，确定刈割茬次。生长季内，苜蓿各茬草的生长高度呈"S"形增长。罗新义等（2001）报道，不同茬次生长的苜蓿其株高的增长速度具有明显差异，二茬苜蓿株高增速最快，达到最大生长速度所需要的时间最短，同一茬苜蓿植株增长速度在不同年度间差异不明显。蔡海霞等（2013）报道，苜蓿的第一茬草产量最高，将近占全年草产量的一半，以后各茬草产量依次递减，说明第一茬草占苜蓿全年的草产量比例最大，并通过其产值还可决定苜蓿周年是否丰产。华利民等（2008）报道，苜蓿第一茬的干草产量也最高，第二茬草的粗蛋白质（CP）含量最高。李昌伟等（2008）在第一年秋天种植苜蓿，翌年春季开始刈割，一年收四茬，头茬的干草产量占全年总干草产量的 36.9%，其余茬次的干草产量占比依次为 26.2%、21.4%、15.5%，即头茬草产量最高。且经测得第一茬苜蓿的蛋白质产量最高，占周年总产量的 36.5%。因此，对于 2 年生及以上的紫花苜蓿，其全年的产草量及牧草品质均受第一茬草的影响。另外，有研究报道，末茬刈割也很重要，杨恒山等（2004）发现秋季末茬草的刈割时间对苜蓿的产草量和品质有很大影响，还会影响到翌年头茬再生草的产量，初霜后刈割比初霜前刈割的苜蓿干物质产量下降 21.05%，是因为初霜前刈割的苜蓿根部能贮藏更多的碳水化合物，能较好地维持返青和再生。

二、苜蓿营养品质分析研究

苜蓿中含有较多的 CP、丰富的碳水化合物及多种矿物营养元素和维生素。苜蓿主要以收获营养体为主，因此主要是以其不同生长阶段植株的发育情况来体现苜蓿的品质。随着生育期的推进，苜蓿的营养物质含量及其内部生理结构也在发生变化，具体为苜蓿植株的消化率、CP 含量逐渐降低，纤维素、木质素含量逐渐增加，即随着生育期的推进苜蓿的营养价值降低。

苜蓿生长的各个时期，其营养价值主要由茎和叶的营养价值决定，且随着植株的生长，叶片的营养成分变化较小。Kalu 和 Fick（1983）根据植株成熟情况、形态学特征和生态气候资料建立了许多以纤维组分和蛋白质为基础的预测牧草化学成分含量的数学模型。

（一）苜蓿 CP 含量研究

蛋白质属六大重要生命组成物质之一，占动物有机体总物质含量的 45% 左右。因此，家畜维持生命和进行生产活动离不开饲料中的蛋白质。一直以来反映饲料营养价值的一个重要指标就是 CP 含量。CP 有 2 种形态，即蛋白质和非蛋白氮，饲料中一般以氮为基础来确定其 CP 含量，样本中氮含量的测定是通过 1981 年由李铁墙和袁珣提出的凯氏定氮法测出的氮含量再乘以系数即可得 CP 含量。苜蓿中所含的 CP 含量是评定其等级的重要依据，苜蓿的商品等级和经济价值直接由 CP 含量高低决定。苜蓿的蛋白质主要分布于叶内，叶绿体内存在的蛋白质为 30%~50%，游离氨基酸、酰胺、嘌呤和生物碱等非蛋白氮约占苜蓿总氮量的 1/3。

反刍动物的瘤胃可降解苜蓿的 CP，并且降解率高于油菜籽粉、大豆饼粉等。苜蓿干草的 CP 降解率较高，一般可达到 74%~79%，因此其常被作为动物的蛋白质饲料。一般人工草地种植的苜蓿每公顷产干草 15t，而其蛋白质产量是同等面积大豆产量的 5.9 倍，具有明显的优势。White 和 Wight（1984）通过对苜蓿的研究得出，其产量越高，质量就越差，种植密度越高，CP 含量和可消化干物质含量却越低。

CP 含量随品种不同也发生变化，主要是因为不同品种的苜蓿的茎和叶组成比例、形态特征和生长发育特点不同。Anderson（1988）报道苜蓿 CP 含量不受品种的影响，而是随着生育期的推迟呈下降趋势。白玉龙等（1999）发现随着苜蓿生育期的延长，苜蓿的叶茎比和 CP 含量均下降。植株不同生长部位的同种器官营养含量也不同，同一植株上部叶片的 CP 含量高于下部叶片；随着生长年限的增加紫花苜蓿的 CP 含量和粗纤维（CF）含量均下降，即呈显著负相关（$P < 0.01$），表明株龄是影响苜蓿植株营养含量变化的主要内在因素。

韩路等（2003）报道发现苜蓿的节间数越多、叶茎比越大，其 CP 含量越高，呈显著正相关；而节间越长，苜蓿的 CP 含量越低，呈显著负相关。Rodney 和 Albrecht（1991）做了预测 CP 含量的简单回归模型，其原理是根据苜蓿植株的节间数和植株高度，用数学模型预测牧草的化学成分。这种预测既有优点也存在不足，优点是用时短，测定结果较合理和准确，在植株成熟度基础上建立的预测方程更为准确；缺点是必须进行多次的试验才能确定的所预测目标紧密相关的农艺指标。Morrison（1991）研究发现，营养期时苜蓿的干物质中 CP 含量为 26.1%，花期过后其 CP 含量为 12.3%。

Schonherr（1976）报道，产量与品质之间存在负相关，高产伴随早熟和草高，其 CP 含量低。Bouton（1981）持相反意见，高产植株在生育进程中分枝晚、拥有较大的叶片和较长的青绿期，其 CP 含量高。

Lees（1984）指出，苜蓿的生育期越往后延其 CP 含量越低，但叶片的 CP 含量始终比茎高 2~3 倍。王庆锁（2004）报道，苜蓿的株高越高、茎叶比值越大，其 CP 含量越低，即呈负相关（$R = -0.963$，$R = -0.953$，$P < 0.001$）。Kehr 等（1979）发现，茬次不同、生育期不同、品种不同的苜蓿其 CP 的产量无差异；品种相同茬次不同，各个生育期苜蓿的 CP 浓缩物产量也不同，品种相同茬次相同，生育期不同，植株的 CP 含量也不相同，且随生育期推延而下降。许令妊等（1982）发现，苜蓿整个生育期内 CP 的变化有 2 个高峰，一个是返青期到分枝期，另一个是乳熟期。杨恩忠（1986）报道，自分枝期后苜蓿的 CP 含量就开始下降，结荚后下降幅度更大，成熟期 CP 含量仅为分枝期的 1/2。Nordkvist 和 Aman（1986）报道，CP 的变化与植株的物候期和生长天数变化结果一致，且植株的生长天数与 CP 含量的相关性较物候期更强。

（二）苜蓿的纤维含量的研究

植物细胞壁的主要组成成分是 CF，CF 包含纤维素、半纤维素、木质素和果胶等物质。用传统方法测得的纤维素包含纤维素、半纤维素和木质素的复合物，而能够溶解于酸、碱液中的半纤维素、纤维素和木质素被视为无氮浸出物，因此饲料被家畜利用的真实情况传统方法测定不到。细胞壁主要由中性洗涤纤维（NDF）组成，包括半纤维素、纤维素、木质素、硅酸盐和极少量的蛋白质组分。饲料中的中性洗涤溶解物和半纤维素可溶于酸性洗涤剂，故被称为酸性洗涤剂溶解物，不能被溶解的剩余残渣称为酸性洗涤纤维（ADF）。江玉林等（1995）利用洗涤纤维评定体系对 25 个苜蓿品种的纤维营养价值进行分析后发现，CF、

NDF、ADF 含量与茎叶比呈显著正相关。苜蓿干草的纤维含量受收获茬次和收获时间影响，第一茬和 20%植株开花期刈割的苜蓿干草中 NDF 含量较低，占苜蓿干物质（DM）含量的 40%左右。Albrecht 等（1987）研究发现，返青后第一茬苜蓿茎秆中的 NDF 含量与生育期之间存在一次线性关系，而夏季苜蓿茎秆中的 NDF 含量与生育期之间则是二次曲线关系。营养期苜蓿的 NDF 含量为 35%，之后苜蓿的 NDF 含量继续增加到结荚早期，达 54%，NDF 含量增加最多是在初花期到盛花期之间。而 Sanderson 和 Wedin（1989）认为，无论在春季或者是夏季，苜蓿的 NDF 含量总是在现蕾期到初花期出现峰值。韩路等（2003）研究发现苜蓿的 CP 含量与茎叶比、节间长呈负相关，与 CF、NDF、ADF 含量呈极显著负相关，而与节间数呈显著正相关；苜蓿的 CF 含量与 NDF、ADF 和钙含量呈极显著正相关；茎叶比与 CF、NDF、ADF 含量呈显著正相关。洗涤纤维分析体系是在 1964 年由 Van Soest 所提出，他将 CF 精确分解成 NDF、ADF、酸性洗涤木质素和灰分 4 个指标，并通过计算得到纤维素、半纤维素和木质素的含量。单胃动物适合用 CF 体系研究，而将牧草按瘤胃微生物是否可利用分开研究已由杨胜做到了，因此该体系更有利于反刍动物的饲料评定。

（三）苜蓿相对饲用价值（RFV）与相对饲草品质（RFQ）研究

评价苜蓿营养价值的好坏是由干草中 CP、NDF、ADF 含量等指标来决定。当前美国饲草和草地协会根据市场需要提出牧草的评定指标是依据其所含的 CP、NDF、ADF、可消化干物质（DDM）、干物质采食量（DMI）和 RFV 等划分。牧草 RFV 是根据其 DDM 和潜在的 DMI 对其进行品质评定，主要站在奶牛的角度预测牧草的采食量和能量价值。

研究发现，NDF 消化率（dNDF）对产奶量有重要影响。NDF 含量相同的苜蓿，如果其消化率不同，其产奶量也不同。研究发现，dNDF 每提高 1 个百分点，奶牛的 DMI 提高 0.17kg，产奶量会增加 0.23kg，高产奶牛可提高产奶量 0.9kg。NDF 含量越低，dNDF 越高，纤维过瘤胃的速度就越快，奶牛的采食量就越高，继而采食的能量就越多。基于这种现象，RFQ 是国外建立的更加准确的饲草评价方法，即 RFQ 值越高，苜蓿质量越好。

（四）苜蓿粗脂肪（EE）研究

EE 是紫花苜蓿的重要能源物质，含有芳香气味，能够吸引家畜采食，是决定紫花苜蓿适口性的重要指标。吉林省农业科学院畜牧研究所和中国农业科学院畜牧兽医研究所报道，紫花苜蓿现蕾期 EE 含量为 5.13%，20% 开花期为 2.47%，50% 开花期为 2.73%，盛花期为 0.3%。头茬草 EE 含量为 2.3%，再生草的 EE 含量为 3%。从现蕾期、初花期、盛花期、结荚期这 4 个时期来看，紫花苜蓿的 EE 含量依次下降。

（五）苜蓿灰分（Ash）研究

紫花苜蓿中所含的矿物质主要在 Ash 中体现。Ash 含量的多少直接反映了紫花苜蓿中所含矿物质的多少。且 Ash 含量越多，紫花苜蓿的品质就越好，反之亦然。吉林省农业科学院畜牧研究所和中国农业科学院畜牧兽医研究所研究表明，紫花苜蓿现蕾期 Ash 含量为 8.42%、20% 开花期为 8.74%，50% 开花期为 8.17%，盛花期为 2%。头茬草 Ash 含量为 7.4%，再生草的 Ash 含量为 6%，表明随着生育期的延长紫花苜蓿中 Ash 含量呈下降趋势。

（六）苜蓿 Ca、P 研究

苜蓿含有丰富的 Ca、P、Mg、Cl、Na 等矿质元素，这些元素是维持动物体各器官功能所必需的。

植物体内核酸、磷脂和三磷酸腺苷（ATP）及许多辅酶的组成都是由 P 元素组成，作为植物体内必需的矿质元素，P 元素广泛参与植物体内各类物质能量代谢和物质代谢，如糖类、脂类、蛋白质和核酸的代谢反应，并参与一系列生理活动过程如光合作用、呼吸作用、细胞膜透性、细胞分裂、根系发育以及开花结籽等。植物体内 P 的分布不均匀，生长旺盛的分生组织中含 P 量高。苜蓿早期对 P 的吸收量较多，干物质达到成株总重量 1/4 的幼年植株，其含 P 量可达总株含 P 量的 75%。

P 和 N 在植物体内的活动性一样强，当缺 P 时，老叶中的 P 将会转移到幼叶中，老叶中会表现出缺 P 症状。植株成熟时茎秆和叶片中的 P 会大量转移到种子，所以施 P 肥能够促进植物提早成熟。P 在苜蓿植株体内的含量并不高，初花期尚不足 0.25%，健壮植株达 0.3%。夏季降雨较多时，植株体内的 P 含量更低。因此，苜蓿的需 P 量不大，5lb（1lb＝0.453 6kg）P 就可以满足 1t 苜蓿的吸收。根据营养诊断研究发现，苜蓿临界含 P 水平为 0.25%，P 肥缺少会降低苜蓿的

DM 产量，但补充 P 肥后，尤其在缺 P 的土地上，干物质量虽然能提高，但蛋白质含量却很少提高。P 元素既是植物正常生长所必需的大量营养元素之一，也是评价牧草品质高低的重要指标。葛选良等（2009）研究发现，紫花苜蓿体内含 P 总量总体上随着生长年限的增加而降低，尤以第一茬和第四茬更为明显；2 年生紫花苜蓿全年 P 输出量最高。许多研究发现施用 P 肥不仅能促进牧草的生长和繁殖，提高植株 CP、Ca 和 P 的含量，还可以改善牧草的饲用价值，提高土壤生产率。

Ca 是植物生长发育的必需元素，尤其是其作为第二信使在植物抗逆性中的表现越来越受到人们的重视，关于 Ca 在植物抗旱、抗盐中的作用早有报道，但有关 Ca 对苜蓿抗旱性有何影响的报道未曾有过。细胞壁中分层的组成物质胶酸钙是由钙与果胶酸结合形成的。细胞正常结构的维持和细胞膜的选择性均需低浓度的钙。某些酶如 ATP 酶通过 Ca 对其活性的调节，可使原生质胶体的水合力降低，原生质的黏性增大（与钾相拮抗）。因此，Ca 在细胞分裂、根系生长和光合作用等方面都有重要作用。

植物吸收的 Ca，一部分以离子形式存在，另一部分与草酸、果胶、植酸等有机物结合形成难溶性的 Ca 盐。Ca 离子在植物体内不易移动，老组织器官中的 Ca 浓度比幼嫩器官中的钙浓度高。Ca 在苜蓿植株中的含量为 1.3%～1.6%，比禾本科牧草中的多，每 10t 苜蓿约吸收 350lb Ca。

第三章　不同苜蓿品种农艺性状评价研究

第一节　材料与方法

一、试验地概况

呼和浩特地区别名土默川，位于土默特平原，大青山南麓，东南延伸至蛮汗山，西南延伸至黄河。属于半干旱地区，年平均气温为 5.0~7.5℃，年积温为 2 800~3 000℃，无霜期 120~130d；属于温带半干旱大陆性季风气候，年降水量为 350~400mm，光、热资源充足，主要依靠丰富的地下水开展农业灌溉工作。土壤类型为浅色草甸土，但由于近年来盐渍对地表的侵入，部分地区已形成盐化草甸土。

试验地点位于和林格尔县盛乐镇西沟门服务中心合创农业科技研究中心基地，地理坐标为 39°58′~40°41′N，111°26′~112°18′E。该地区为中温带半干旱大陆性季风气候，气候特点干旱、多风，日光时间充足，昼夜温差较大。季节气温特点为春季升温快，夏季昼长夜短，天热少雨，秋天降温烈，冬季昼短夜长，温度低。年平均气温在 6.2℃左右。1 月平均温度-12.8℃，上半年极端低温为-31.7℃；7 月平均温度 22.1℃，下半年极端高温为 37.9℃。日均气温在 0℃以上连续时间为 233d 左右；日均温度在 5℃以上连续时间为 195d 左右。年均降水量仅为 392.8mm，日最大降水量为 99.1mm。试验地土壤为栗钙土，轻度盐碱化，土壤质地为非沙砾质。

二、试验材料

参试苜蓿材料为收集自国内外不同地区的 12 个品种，其相关信息列于表 3-1。

表 3-1　苜蓿品种鉴定材料及原产地

新品系编号	品种	拉丁名	来源	产地
1	敖汉苜蓿	*Medicago sativa* L.	中国农业科学院草原研究所	内蒙古
2	中苜 2 号	*Medicago sativa* L.	正道	内蒙古
3	草原 2 号	*Medicago varia* M.	内蒙古农业大学	内蒙古
4	草原 3 号	*Medicago varia* M.	内蒙古农业大学	内蒙古
5	WL903	*Medicago sativa* L.	克劳沃	美国
6	WL525	*Medicago sativa* L.	克劳沃	美国
7	金皇后	*Medicago sativa* L.	克劳沃	美国
8	皇后	*Medicago sativa* L.	百绿	美国
9	三得利	*Medicago sativa* L.	克劳沃	美国
10	惊喜	*Medicago sativa* L.	克劳沃	加拿大
11	赛迪	*Medicago sativa* L.	百绿	美国
12	驯鹿	*Medicago sativa* L.	克劳沃	加拿大

三、试验设计

课题组于 2010 年 5 月 30 日在和林格尔试验点以条播的方式种植了 12 个苜蓿品种，采用随机区组设计，在 12 个苜蓿种植试验地开展小区试验，设置 3 个小区重复，小区面积为 10m² （2m×5m），播种行距为 40cm （播种前各试验小区均未施加任何底肥，播种后用机器镇压。在后期苜蓿草地管理期间，只采用人工除草和每年的返青期、现蕾期和入冬前分别灌溉 1 次）。从 2011 年开始进行品种评比试验，测定了苜蓿的产量和营养成分指标。本试验在原有试验的基础上于 2011—2013 年每年的初花期（6 月 4 日至 6 月 10 日、7 月 24 日至 7 月 30 日、9

月 20 日至 9 月 25 日）进行 3 次人工刈割，测定苜蓿的产量和营养成分指标。

1. 试验测定指标

干草产量、干物质、常规营养指标主要测定 CP、NDF、ADF 含量。

2. 指标测定和计算

（1）干草产量测定方法。苜蓿均在初花期刈割，刈割留茬高度 5cm 左右。将试验地内 1kg 苜蓿鲜草在恒温箱 65℃下烘干 24h，计算每公顷苜蓿干草产量。

（2）营养成分测定方法。干物质采用实验室常规分析方法测定。参照被《饲料中粗蛋白的测定　凯氏定氮法》（GB/T 6432—2018）替代，利用 FOSS Kjeltec 8400 全自动凯氏定氮仪测定 CP 含量；利用 Ankom 220 型分析系统测定 NDF、ADF 含量。

（3）RFV 的计算。RFV 是同时考虑饲草的 NDF 和 ADF 2 个指标，从而更加全面地对饲草的 DMI 和消化率进行评价。计算公式如下。

$$DMI\ (\%BW) = 120/NDF\ (\%DM) \tag{3-1}$$

$$DDM\ (\%DM) = 88.9 - 0.779 \times ADF\ (\%DM) \tag{3-2}$$

$$RFV = DMI \times DDM/1.29 \tag{3-3}$$

其中，DMI 为干物质采食量，DDM 为可消化干物质，%BW 为占动物代谢体重的百分比。

（4）产量与 RFV 的耦合作用（CE）。计算公式如下。

$$CE = RFV \times 产量 \tag{3-4}$$

其中，CE 值越高，表示收益越高（RFV 是一个等级，单价由 RFV 决定，总收入由重量和单价的乘积决定，所以产量代替重量，RFV 代替单价）。

第二节　试验结果分析

一、不同品种苜蓿 3 年产量和营养品质动态变化

由表 3-2 可知，种植第二年（2011 年），中苜 2 号的干草产量最高，为 12 501.1kg/hm²，显著高于敖汉苜蓿（$P < 0.05$），但与其他品种差异不显著（$P > 0.05$）。不同苜蓿品种间 CP 含量差异较大，其中中苜 2 号和草原 3 号的 CP

含量大于20%，赛迪CP含量低于16%，其他品种的CP含量在16%~20%。不同品种间的ADF和NDF含量差异较大，且以驯鹿的ADF、NDF含量最高，分别为34.79%和54.86%。RFV是国内外评价饲草品质最为常用的指标，12个品种中RFV最高的是中苜2号，为127.18%；其次是惊喜，为125.47%；二者无显著差异（$P>0.05$），但与其他品种差异显著（$P<0.05$）。

种植第三年（2012年），产量最高的苜蓿品种是惊喜，为12 588.28kg/hm²。中苜2号的产量处于中等偏上水平。产量较低的是皇后和驯鹿，分别为7 032.01kg/hm²和6 057.02kg/hm²。中苜2号、草原3号、WL903、WL525、三得利和惊喜的CP含量大于20%，差异不显著（$P>0.05$）；驯鹿的CP含量低于16%，并出现显著差异（$P<0.05$）。ADF、NDF含量最高的品种为驯鹿，分别为35.45%和54.18%，与其他品种差异显著（$P<0.05$）。NDF含量在49%以下的为中苜2号、金皇后、WL903和草原3号。RFV最高的是中苜2号，为135.67，并且出现显著差异（$P<0.05$）；驯鹿的RFV最低，为105.22。

种植第四年（2013年），惊喜的干草产量最高，为12 487.41kg/hm²，其次是中苜2号、金皇后、草原3号、草原2号和三得利，品种间差异不显著（$P>0.05$）；驯鹿的产量最低，为5 921.28kg/hm²。中苜2号和草原3号的CP含量大于20%，且中苜2号的CP含量显著高于其他供试苜蓿品种（$P<0.05$）；驯鹿的ADF含量最高，为35.45%，中苜2号的ADF含量最低，为27.19%；12个苜蓿品种的NDF含量为47.67%~53.05%，驯鹿的NDF含量最高，为53.05%；中苜2号的NDF含量最低，与草原3号差异不显著（$P>0.05$）；中苜2号的RFV最高，为132.14，与其他品种间差异显著（$P<0.05$）；驯鹿的RFV最低，为107.46。

二、3年平均产量比较分析

2011—2013年12个苜蓿品种与3年平均产量的双因素方差分析结果如表3-3所示。在进行F值检验时，模型、品种和年份通过了显著性检验（$P<0.05$），说明年份和品种对产量有显著差异（$P<0.05$）。

表3-2 12个苜蓿品种3年产量和营养成分分析结果

年份	新品系编号	品种	产量（kg/hm²）	DM（%）	CP（%）	NDF（%）	ADF（%）	RFV
2011	1	敖汉苜蓿	3 670.71±0.04b	94.51±0.42a	17.57±0.47cde	32.02±0.67bc	53.02±1.29bc	112.24±3.65d
	2	中苜2号	12 501.10±0.16a	93.65±0.35a	20.23±0.33a	29.65±0.86de	48.13±0.76f	127.18±3.34a
	3	草原2号	9 695.35±0.15ab	93.66±0.24a	16.53±0.64ef	33.9±0.33ab	49.98±0.56cde	116.31±1.78cd
	4	草原3号	9 931.58±0.17ab	92.32±0.21ab	20.12±0.62ab	30.56±0.67cd	49.87±0.82cde	121.42±2.97bc
	5	WL903	7 997.63±0.16ab	92.74±0.13a	19.34±0.91c	31.14±0.844cd	48.89±0.68e	122.99±2.95b
	6	WL525	5 965.06±0.05ab	94.13±0.16a	19.69±0.43bc	29.99±0.79d	48.77±0.57ef	125.01±2.63ab
	7	金皇后	9 122.45±0.17ab	94.15±0.12a	17.77±0.24cd	32.55±0.56bc	51.22±1.33c	115.4±3.81cde
	8	皇后	6 014.06±0.09ab	92.63±0.11a	17.92±0.42cd	31.92±0.27c	50.35±0.57cd	118.31±1.73c
	9	三得利	8 940.22±0.15ab	94.47±0.29a	19.94±0.18b	30.88±0.53cd	49.68±0.44de	121.42±1.85bc
	10	惊喜	7 716.47±0.21ab	94.61±0.32a	19.85±0.38bc	29.19±1.4de	49.05±1.07def	125.47±4.81a
	11	赛迪	8 080.97±0.12ab	92.54±0.18ab	15.96±1.27f	33.39±0.64ab	53.34±1.24b	109.68±3.37e
	12	驯鹿	9 047.44±0.15ab	93.53±0.29a	16.96±0.45e	34.79±0.33a	54.86±0.27a	104.79±0.95ef

（续表）

年份	新品系编号	品种	产量（kg/hm²）	DM（%）	CP（%）	NDF（%）	ADF（%）	RFV
2012	1	敖汉苜蓿	11 927.96±0.65de	94.32±0.11a	17.34±0.68cde	34.76±0.95ab	51.89±0.64bc	110.82±2.62e
	2	中苜2号	12 460.72±0.69ab	94.11±0.34a	21.65±0.69a	25.49±1.09f	47.34±1.17de	135.67±5.02a
	3	草原2号	11 175.58±0.75abc	94.12±0.22a	16.42±0.75de	32.88±0.76cd	50.25±1.26bcd	117.15±4.03d
	4	草原3号	10 783.98±0.85abc	93.16±0.29a	20.34±0.85bc	31.68±0.61d	48.03±0.93de	124.38±3.33b
	5	WL903	9 862.42±1.38bcd	93.13±0.12a	20.41±1.38bc	33.77±0.7bc	48.39±0.78d	120.33±2.99cd
	6	WL525	7 751.87±0.49e	94.98±0.17a	20.49±0.49b	29.06±1.35de	49.92±0.88c	123.53±4.14bcd
	7	金皇后	12 217.61±0.68abc	94.89±0.12a	17.83±0.68cd	33.02±0.96bcd	48.66±0.53cd	120.77±2.74c
	8	皇后	7 032.01±1.17abc	94.88±0.19a	19.34±1.17bcd	34.38±1.16ab	52.46±0.95b	110.15±3.59e
	9	三得利	9 339.66±0.61abc	93.89±0.22a	21.56±0.61ab	28.53±1.16def	50.03±1.63bcd	123.97±5.73bc
	10	惊喜	12 588.28±0.88a	94.87±0.15a	20.35±0.88bc	33.52±0.89bc	49.78±0.41cd	117.33±2.26cd
	11	赛迪	9 230.11±0.98cd	93.28±0.17ab	17.61±0.98cde	34.17±0.83b	50.62±1.21bcd	114.45±3.93de
	12	驯鹿	6 057.02±0.58e	95.62±0.26a	15.63±0.58e	35.45±0.86a	54.18±1.16a	105.22±3.28f

（续表）

年份	新品系编号	品种	产量（kg/hm²）	DM（%）	CP（%）	NDF（%）	ADF（%）	RFV
2013	1	敖汉苜蓿	7 602.10±0.47c	94.28±0.17a	18.25±0.68cd	34.22±0.89bc	49.99±0.63cd	115.82±2.62e
	2	中苜2号	12 182.11±0.68a	93.69±0.16ab	22.41±0.69a	27.19±1.08e	47.67±1.17f	132.14±5.02a
	3	草原2号	11 505.60±0.69a	94.38±0.24a	16.83±0.75de	33.28±0.76c	51.02±1.26c	114.82±4.03ef
	4	草原3号	10 964.63±0.49a	94.25±0.12a	21.5±0.85b	29.28±0.61de	47.97±0.93def	128.16±3.33b
	5	WL903	9 668.13±0.59ab	95.08±0.27a	19.77±1.38bc	33.15±0.76c	50.49±0.78cd	116.21±2.98de
	6	WL525	7 734.82±0.38c	94.75±0.25a	19.45±0.49bcd	32.11±1.35cd	48.39±0.88de	122.81±4.14c
	7	金皇后	12 139.16±0.75a	95.36±0.26a	17.64±0.68d	34.67±0.96bc	52.11±0.52b	110.48±2.74f
	8	皇后	7 009.52±0.45ab	95.03±0.43a	18.26±1.17cd	34.62±1.16bc	49.39±0.95d	116.64±3.59d
	9	三得利	9 192.06±0.66a	95.21±0.18a	18.48±0.61cd	32.37±1.16cd	49.03±1.62de	120.82±5.72cd
	10	惊喜	12 487.41±0.55a	95.35±0.19a	19.11±0.88c	29.37±0.89de	48.34±0.41de	127.04±2.26bc
	11	赛迪	9 030.86±0.46ab	94.32±0.27a	16.66±0.98de	35.13±0.83ab	50.11±1.21cd	114.23±3.92efg
	12	驯鹿	5 921.28±0.42c	93.87±0.14a	16.02±0.58e	35.45±0.86a	53.05±1.18a	107.46±3.28g

注：表中同列不同字母表示差异显著（$P<0.05$）。

表 3-3　12 个苜蓿品种与 3 年平均总产量方差分析结果

变异来源	自由度	平方和	均方	F 值	显著性
方差模型	35	561 065 121.30	16 030 432.00	22.96	<0.000 1
品种	11	350 036 882.10	31 821 534.70	45.57	<0.000 1
年份	2	64 868 446.00	32 434 223.00	46.45	<0.000 1
品种×年份	22	146 159 793.20	6 643 627.00	9.51	<0.000 1
误差	72	50 275 096.40	698 265.20		
总变异	107	611 340 217.70			

　　由图 3-1 可知，中苜 2 号的干草产量最高，12 381.3kg/hm²，产量达到 10 000kg/hm² 以上的有草原 2 号、草原 3 号、金皇后和惊喜；最低为皇后，干草产量为 7 008.6kg/hm²。在所有测定品种中，高产苜蓿与低产苜蓿差值达 5 372.7kg/hm²。中苜 2 号、草原 2 号、草原 3 号、金皇后和惊喜与其他品种苜蓿产量差异显著（$P<0.05$）。

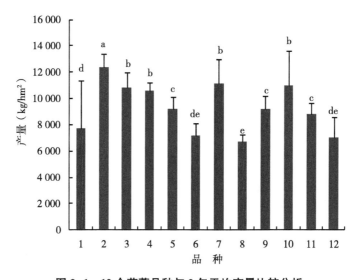

图 3-1　12 个苜蓿品种与 3 年平均产量比较分析

三、干物质含量比较分析

12个苜蓿品种与3年平均干物质含量的双因素方差分析结果如表3-4所示。在进行 F 值检验时，只有年份通过了显著性检验（P<0.05），而模型和品种未能通过显著性检验（P>0.05），说明年份是显著影响干物质含量的主要因素。

表3-4　12个苜蓿品种与3年平均干物质含量方差分析结果

变异来源	自由度	平方和	均方	F 值	显著性
模型	35	78.13	2.23	1.14	0.32
品种	11	32.47	2.95	1.50	0.15
年份	2	19.59	9.80	4.99	0.01
品种×年份	22	26.07	1.19	0.60	0.91
误差	72	141.39	1.96		
总变异	107	219.52			

由图3-2可知，平均干物质含量范围在93.24%~94.92%，惊喜在3年内的干物质含量最高（94.92%），草原3号的干物质含量最低（93.24%），惊喜高于草原3号1.68%，二者间差异显著（P<0.05），但与其他品种间差异不显著（P>0.05）。

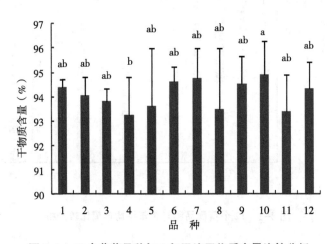

图3-2　12个苜蓿品种与3年平均干物质含量比较分析

四、CP 含量比较分析

2011—2013 年 12 个苜蓿品种与 3 年平均 CP 含量的双因素方差分析结果如表 3-5 所示。在进行 F 值检验时，模型、品种和年份通过了显著性检验（$P<0.05$），说明品种和年份均是显著影响 CP 含量的因素。

表 3-5　12 个苜蓿品种与 3 年 CP 含量方差析结果

变异来源	自由度	平方和	均方	F 值	显著性
模型	35	349.29	9.98	15.32	<0.000 1
品种	11	306.04	27.82	42.71	<0.000 1
年份	2	6.48	3.24	4.98	0.01
品种×年份	22	36.76	1.67	2.56	0.00
误差	72	46.90	0.65		
总变异	107	396.19			

3 年的 CP 含量结果（图 3-3）表明，中苜 2 号、草原 3 号和三得利的 CP 含量都保持在 20% 以上；中苜 2 号与除草原 3 号外的其他品种间差异显著（$P<0.05$）。WL903、WL525、皇后和惊喜的 CP 含量在 18% 以上；敖汉苜蓿和金皇后 CP 含量在 17%~18%；草原 2 号、赛迪和驯鹿 CP 含量在 16%~17%，三者间差

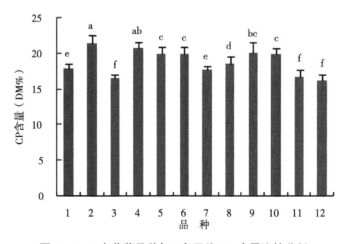

图 3-3　12 个苜蓿品种与 3 年平均 CP 含量比较分析

异不显著（$P>0.05$）。金皇后 3 年的 CP 含量比较稳定。

五、CF 含量比较分析

1. ADF 比较分析

2011—2013 年 12 个苜蓿品种与平均 ADF 含量的双因素方差分析结果如表 3-6 所示。在进行 F 值检验时，模型、品种和年份通过了显著性检验（$P<0.05$），说明品种和年份均是显著影响 ADF 含量的重要因素。

表 3-6　12 个苜蓿品种与 3 年平均 ADF 方差分析结果

变异来源	自由度	平方和	均方	F 值	显著性
模型	35	636.32	18.18	24.16	<0.000 1
品种	11	480.43	43.68	58.04	<0.000 1
年份	2	18.01	9.01	11.97	<0.000 1
品种×年份	22	137.88	6.27	8.33	<0.000 1
误差	72	54.18	0.75		
总变异	107	690.50			

不同品种苜蓿 ADF 含量存在差异（图 3-4）。中苜 2 号的 ADF 含量最低，为 27.75%，显著低于其他品种（$P<0.05$），其次为 WL525、草原 3 号、三得利和

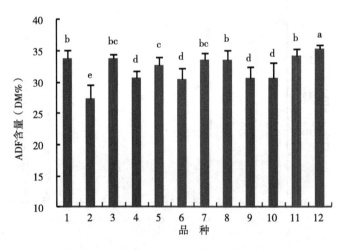

图 3-4　12 个苜蓿品种与三年平均 ADF 比较分析

惊喜，ADF 含量分别是 30.54%、30.56%、30.64 和 30.73%。驯鹿的 ADF 含量最高，为 35.27%，显著高于其他品种（$P<0.05$）。

2. NDF 比较分析

12 个苜蓿品种与 3 年平均 NDF 含量的双因素方差分析结果如表 3-7 所示。在进行 F 值检验时，模型、品种和年份通过了显著性检验（$P<0.05$），说明品种和年份均是显著影响 NDF 含量的重要因素。

表 3-7　12 个苜蓿品种 NDF 方差分析结果

变异来源	自由度	平方和	均方	F 值	显著性
模型	35	391.10	11.17	12.32	<0.000 1
品种	11	290.82	26.44	29.15	<0.000 1
年份	2	10.65	5.33	5.87	0.004 3
品种×年份	22	89.63	4.07	4.49	<0.000 1
误差	72	65.30	0.91		
总变异	107	456.40			

不同品种 NDF 含量存在差异，在 47.63%~54.19%（图 3-5）。中苜 2 号的 NDF 含量最低，驯鹿的 NDF 含量最高，与其他品种存在差异显著性（$P<0.05$）。

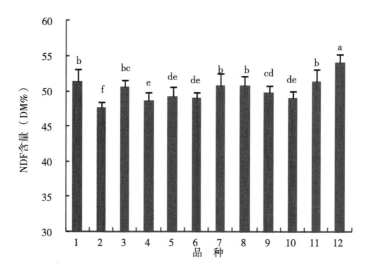

图 3-5　12 个苜蓿品种与 3 年平均 NDF 含量比较分析

六、RFV 比较分析

12 个品种与 3 年平均 RFV 的双因素方差分析结果如表 3-8 所示。在进行 F 值检验时，模型和品种通过了显著性检验 （$P<0.05$），年份未通过显著性检验 （$P>0.05$）。说明只有品种对 RFV 有显著差异 （$P<0.05$）。由于年份变异程度小于误差，未能通过显著性检验 （$P>0.05$）。

表 3-8　12 个苜蓿品种与 3 年平均 RFV 方差分析结果

变异来源	自由度	平方和	均方	F 值	显著性
模型	35	5 555.92	158.74	14.18	<0.000 1
品种	11	4 745.42	431.40	38.54	<0.000 1
年份	2	4.83	2.42	0.22	0.806 4
品种×年份	22	36.62	36.62	3.27	<0.000 1
误差	72	806.01	11.19		
总变异	107	6 361.93			

3 年内 12 个苜蓿品种的 RFV 最高的品种是中苜 2 号苜蓿，为 131.66，与其他品种之间差异显著 （$P<0.05$），分别较其他品种高 18.7、15.57、7.01、11.82、7.88、16.11、16.63、9.59、8.38、18.87、25.84 （图 3-6）。

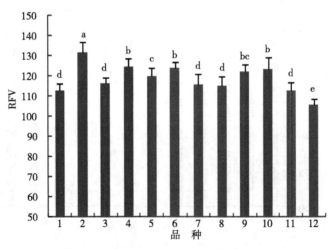

图 3-6　12 个苜蓿品种与 3 年平均 RFV 比较分析

七、3 年的产量与 RFV 稳定性分析

由表 3-9 可知，2011—2013 年试验期内平均产量达到 10 000kg/hm² 以上的苜蓿品种有中苜 2 号、草原 3 号、草原 2 号、金皇后、三得利和惊喜，其中中苜 2 号最高，为 12 381.31kg/hm²；驯鹿最低，产量为 7 008.56kg/hm²。12 个苜蓿品种的平均 RFV 为 105.82～131.66，中苜 2 号最高，驯鹿最低。根据产量与 RFV 的耦合作用，确定中苜 2 号在试验 3 年内属于高产品种。

表 3-9　12 个苜蓿品种试验期内平均产量和平均 RFV 的比较

新品系编号	品种	平均干草产量（kg/hm²）	平均相对饲用价值	耦合作用（CE）	排序
1	敖汉苜蓿	7 733.59	112.96	873 586	10
2	中苜 2 号	12 381.31	131.66	1 630 165	1
3	草原 2 号	10 792.18	116.09	1 252 900	5
4	草原 3 号	10 560.06	124.65	1 316 347	3
5	WL903	9 176.06	119.84	1 099 690	7
6	WL525	7 150.58	123.78	885 123	9
7	金皇后	11 159.74	115.55	1 289 508	4
8	皇后	6 685.20	115.03	769 020	11
9	三得利	9 157.31	122.07	1 117 833	6
10	惊喜	10 930.69	123.28	1347 536	2
11	赛迪	8 780.64	112.79	990 339	8
12	驯鹿	7 008.58	105.82	741 671	12

根据不同品种 2011—2013 年间的平均产量和 RFV 的耦合作用进行系统聚类分析，则发现在 Euclidean 距离 10 处可以将全部公式材料分为 3 类，其中耦合作用最高的是中苜 2 号；草原 2 号、惊喜、金皇后、草原 3 号、三得利和 WL903 耦合作用居中；驯鹿、皇后、赛迪、WL525 和敖汉苜蓿耦合作用较低（图 3-7）。

八、3 年不同茬次苜蓿品种产量分析

由供试 12 个苜蓿品种 3 年三茬次平均产量对比可知，第一茬干草产量占总

产量的 41.51%～56.55%，第二茬干草产量占总产量的 32.33%～40.13%，第三茬干草产量占总产量的 10.64%～18.63%。各品种不同茬次草产量均呈现出第一茬草产量>第二茬草产量>第三茬草产量的变化趋势（表3-10）。

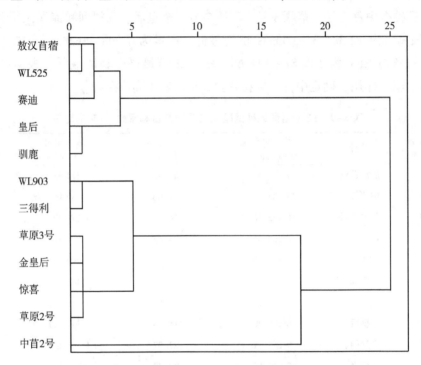

图 3-7 12 个苜蓿品种 3 年平均产量和 RFV 耦合作用的聚类

表 3-10 12 个苜蓿品种 3 年每茬平均产量占总产量的比例（%）

新品系编号	品种	第一茬	第二茬	第三茬
1	敖汉苜蓿	56.55	32.33	11.15
2	中苜2号	46.92	37.44	15.65
3	草原2号	56.17	34.91	12.74
4	草原3号	46.69	36.23	17.08
5	WL903	50.73	36.78	12.49
6	WL525	45.52	37.28	17.22
7	金皇后	53.51	35.89	10.64

（续表）

新品系编号	品种	第一茬	第二茬	第三茬
8	皇后	42.52	38.88	18.63
9	三得利	52.63	34.81	12.55
10	惊喜	49.53	35.57	14.91
11	赛迪	41.51	40.13	18.37
12	驯鹿	52.61	33.88	13.51
	平均	49.57	36.17	14.58

第四章 密度对中苜2号农艺性状及营养品质的影响

第一节 不同行距对中苜2号农艺性状的影响

一、试验材料与方法

（一）试验地点

土默特左旗位于内蒙古中部、大青山南麓的土默川平原上，试验地点位于土默特左旗沟子板试验区，地理位置在北纬 40°26′~40°56′，东经 110°47′~110°48′，气候条件为温带半干旱大陆性季风气候，光照充足，雨热同期，降水量少，蒸发量大，昼夜温差大，对作物生长有利。年均降水量 379.4mm，无霜期 187d。年平均气温 7.2℃，最冷月为 1 月，月平均气温 −11.3℃，极端最低气温为 −35.6℃；最热月为 7 月，月平均气温 22.8℃，极端最高气温 37.2℃。土壤为栗钙壤土，土壤深厚，质地疏松。

（二）试验设计

以评比试验中表现较好的中苜2号苜蓿为试验材料，2012 年 5 月 30 日在和林格尔试验点进行播种。试验设 4 个行距分别为 15cm、25cm、35cm 和 45cm，4 个行距的播种量统一为 30g，每个小区面积 20m² （4m×5m），每个处理重复 3 次，于 2013 年返青至盛花期（4 月 14 日、4 月 24 日、5 月 4 日、5 月 14 日、5 月 24 日、6 月 4 日、6 月 14 日）测定中苜2号苜蓿株高（表 4-1）。于第一个初花期测定枝条数、节间长和节间数。试验于中苜 2 号 3 个初花期进行人工刈割。试验的每个处理都重复 3 次，测定不同行距的干草产量，于初花期、盛花期和结荚期测定叶面积。小区之间修筑隔离田埂。播种前进行灌溉，在每年的返青期、现蕾期和入冬前分别灌溉 1 次，苗期除草。

表 4-1　密度试验设计

处理	地宽（m）	行距（cm）	行长（m）	小区播量（g）
1	4	15	5	30
2	4	15	5	30
3	4	15	5	30
4	4	25	5	30
5	4	25	5	30
6	4	25	5	30
7	4	35	5	30
8	4	35	5	30
9	4	35	5	30
10	4	45	5	30
11	4	45	5	30
12	4	45	5	30

（三）测定指标

1. 苜蓿生物性状指标

株高（cm）、生长速率、分枝数、节间数、节间长（cm）、叶面积、干草产量（kg/hm^2）。

2. 常规营养指标

常规营养指标主要测定 CP、NDF 和 ADF 含量。

（四）指标测定方法

1. 株高

返青后在每个小区中选择 10 株，挂牌标记，每隔 10 天测量 1 次植株高度。

2. 生长速率

植株高度与生长天数之比。

3. 枝条数

于初花期选取 1m² 样本材料测定总枝条数，重复 3 次。

4. 节间数与节间长

在每小区抽取 10 个枝条，数出每个枝条的节间数，用直尺量出每个节的节间长度。

5. 叶面积

在苜蓿初花期、盛花期、结荚期内，随机选取 10 个苜蓿枝条，人工摘取叶片，测定叶片数量，计算叶面积。叶面积具体测定方法：将所有叶片平放在扫描仪上，利用扫描仪画出叶片的平铺图像，利用 Photoshop 软件处理图像，用 R2V 软件进行矢量化，最后利用 MapGIS 软件计算叶面积。

6. 干草产量

试验期间刈割 3 次，均在初花期刈割测定鲜草产量，刈割留茬高度为 5cm。并从中选取 1kg 于 65℃ 恒温箱烘干后测定，并折合成每公顷干草产量。

7. 营养物质测定和计算

与第三章营养测定和计算相同。

二、试验结果分析

（一）中苜 2 号不同行距农艺性状表现

1. 不同行距对中苜 2 号株高的影响

随着生育时期的推进，不同行距处理的株高逐渐增高，各行距不同生育期株高间差异极显著（$P < 0.05$）。返青期 45 行距的株高最低，为 10cm；盛花期 35cm 行距的株高最高，为 154cm（图 4-1）。

2. 不同行距对中苜 2 号生长速率的影响

随着生育时期的推进，不同行距处理的生长速率逐渐增高，各行距不同生育期生长速率间差异显著（$P < 0.05$）。返青期不同行距的生长速率相同，为 0.17cm；盛花期 35cm 行距的生长速率最高，为 2.58cm（图 4-2）。

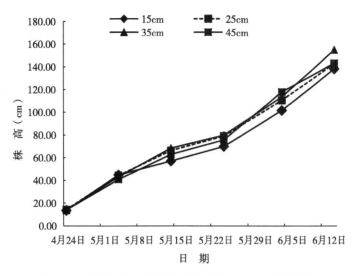

图4-1 不同行距与不同生育期对中苜2号株高的影响

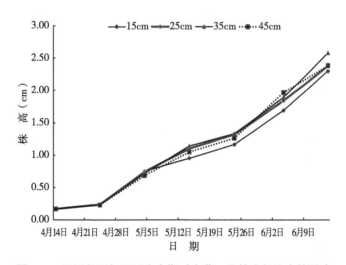

图4-2 不同行距与不同生育期对中苜2号的生长速率的影响

（二）不同行距对中苜2号枝条特征变化的影响

对不同行距与枝条特征进行对应分析。

（1）不同行距的特征向量分析。中苜2号苜蓿的不同行距特征向量的分析结果如表4-2所示。第一坐标、第二坐标为4个行距在2个公因子上的载荷，其中

15cm 行距在 2 个公因子上的载荷结果可以表示为 15cm = 0.002 5Dim1 + 0.004 9Dim2，25cm 行距表示为 25cm = 0.000 2Dim1 - 0.001 0Dim2，35cm 行距表示为 35cm = -0.010 0Dim1 - 0.001 1Dim2，45cm 行距表示为 45cm = 0.008 8Dim1 - 0.003 1Dim2。由此可知，行距 25cm 时在第一公因子上所承载信息量较少，行距为 15cm、35cm、45cm 3 个行距在第一公因子上所承载信息量均较多。行距 25cm 和 35cm 在第二公因子上所承载信息量基本相等，同时也是最小的。

表4-2　不同行距的特征向量分析

不同行距	特征向量		变量占比统计		
	第一坐标	第二坐标	贡献率之和	和占百分比	变量占特征值比
15cm	0.002 5	0.004 9	1	0.253 5	0.142 7
25cm	0.000 2	-0.001 0	1	0.256 7	0.004 8
35cm	-0.010 0	-0.001 1	1	0.265 7	0.495 4
45cm	0.008 8	-0.003 1	1	0.224 1	0.357 0

贡献率之和表示不同行距在 2 个公因子上的反映情况。由表 4-2 可知，2 个公因子贡献率之和都是 1，其承载信息在 100%，所以可以采用 2 个公因子承载信息代替原指标信息。和占百分比表示原始数据中各列数据之和占总合计的百分比（%），此信息反映出 35cm>25cm > 15cm >45cm。这说明不同行距总体上变化规律为 35cm>25cm > 15cm >45cm。变量占特征值比表示各行距对总特征向量贡献百分比，贡献率大小依次为 35cm>45cm > 15cm >25cm。

（2）不同行距的欧氏距离分析。不同行距在双公因子上的载荷信息，其代表行距在平面直角坐标系上的位置，坐标系内两点间的直线距离就是欧氏距离，欧氏距离的大小代表行距的相近程度。由表 4-3 可知，15cm 和 25cm 之间的距离 = [（0.002 5- 0.000 2）² +（0.004 9+ 0.001 0）²]^{1/2} = 0.006 4，15cm 和 35cm 之间的距离为 0.013 9，25cm 和 35cm 之间的距离为 0.010 2，35cm 和 45cm 之间的距离为 0.008 8。行距 15cm 和行距 25cm 之间的距离最短，即 15cm 和 25cm 之间的枝条特征变化较为接近；35cm 和 45cm 之间的距离最大，表明 35cm 的枝条特征与 45cm 的枝条特征差异较大。

表 4-3　不同行距的欧氏距离分析

不同行距	25cm	35cm	45cm
15cm	0.006 4	0.013 9	0.010 2
25cm		0.010 2	0.008 8
35cm			0.018 9

（3）不同行距贡献率及信息量分析。不同行距贡献率及信息分析如表 4-4 所示。公因子上变量的贡献率显示，行距 35cm 在第一公因子上的贡献率较大，行距 25cm 贡献率最小；第二公因子上行距 15cm 的贡献率最大，行距 25cm 贡献率最小。变量在公因子上的贡献率显示，35cm 和 45cm 均在第一公因子上的贡献率相对第二公因子上的贡献率占有绝对优势。在信息量和总信息量中可以看到，行距 15cm 和行距 25cm 的坐标对特征值贡献率较大，其他行距坐标对特征值的贡献率较小。

表 4-4　不同行距贡献率及信息分析

不同行距	公因子上变量的贡献率		变量在公因子上的贡献率		信息量		总信息量
	第一坐标	第二坐标	第一坐标	第二坐标	第一坐标	第二坐标	
15cm	0.035 5	0.691 5	0.207 8	0.792 2	0	2	2
25cm	0.000 2	0.028 3	0.040 1	0.959 9	0	0	2
35cm	0.584 8	0.038 0	0.987 5	0.012 6	1	0	1
45cm	0.379 5	0.242 2	0.889 1	0.110 9	1	1	1

（4）枝条特征的特征向量分析。枝条特征向量的分析结果如表 4-5 所示。第一坐标、第二坐标为枝条数、节间数和节间长 3 个变量在 2 个公因子上的载荷。枝条数在 2 个公因子上的载荷为枝条数 = -0.001 3Dim1 - 0.000 2Dim2。第一公因子上节间数所承载的信息量较多，第二公因子上节间长所承载的信息量较多，枝条数在第一公因子和第二公因子上所承载的信息量均最少。

2 个公因子上的贡献率之和都是 1，其承载信息量在 100%，所以可以采用 2

个公因子承载信息代替原指标信息。和占百分比为枝条数>节间数>节间长，这说明所测定的枝条变化特征总体上变化规律为枝条数>节间数>节间长。变量占特征值比表示枝条数、节间数和节间长对总特征值贡献百分比，贡献率大小依次为节间数>节间长>枝条数。由此可以看到，节间数在各相关贡献率中最大且比较稳定，而节间长和枝条数贡献率较小，不稳定。

表4-5　枝条特征的特征向量分析

枝条特征	特征向量		变量占比统计		
	第一坐标	第二坐标	贡献率之和	和占百分比	变量占特征值比
枝条数	−0.001 3	−0.000 2	1	0.964 0	0.028 3
节间数	0.040 2	−0.006 3	1	0.024 4	0.743 5
节间长	0.019 7	0.026 1	1	0.011 6	0.228 2

（5）枝条特征的欧氏距离分析。枝条特征的欧氏距离分析如表4-6所示，节间数和枝条数的距离为0.041 9，枝条数和节间长的距离为0.033 6，节间数和节间长的距离为0.038 4。由此可见，枝条数和节间长之间的相关关系最近，枝条数与节间数之间的关系最远。

表4-6　枝条特征的欧氏距离分析

不同行距	节间数	节间长
枝条数	0.041 9	0.033 6
节间数		0.038 4

（6）枝条特征变化贡献率及信息量分析。枝条特征的贡献率及信息量分析如表4-7所示，公因子上变量的贡献率显示，节间数在第一公因子上的贡献率较大，枝条数的贡献率较小；在第二公因子上节间长的贡献率较大，枝条数的贡献率较小。变量在双公因子上的贡献率显示，枝条变化特征指标信息需要综合第一坐标和第二坐标才能反映完全。在信息量和总信息量中可以看到，节间长的坐标对特征值贡献率较多，而枝条数的贡献率较少。

表 4-7　枝条特征的贡献率及信息量分析

枝条特征	公因子上变量的贡献率		变量在公因子上的贡献率		信息量		总信息量
	第一坐标	第二坐标	第一坐标	第二坐标	第一坐标	第二坐标	
枝条数	0.033 4	0.002 6	0.984 9	0.015 1	0	0	1
节间数	0.867 8	0.107 8	0.976 9	0.023 7	1	0	1
节间长	0.098 9	0.889 6	0.362 5	0.637 5	0	2	2

　　（7）不同行距与枝条特征变化的对应分析。图 4-3 反映的是不同行距与枝条特征变化的对应分析结果。横坐标代表不同行距，根据各行距在横坐标的位置可知，沿横坐标由左向右分别是 35cm、25cm、15cm、45cm。根据不同行距与枝条数、节间数和节间长坐标点远近关系，可以将其划分为 3 个部分，其中枝条数与行距 35cm 和 25cm 为一个区域，表明 35cm 和 25cm 对枝条数的影响比较明显，枝条数较多，在其他行距条件下其变化不明显；行距 15cm 与节间长划分为一个区域，说明行距 15cm 对节间长有显著影响，节间长最长；行距 45cm 与节间数划分为一个区域，说明行距 45cm 对节间数有显著影响，节间数最少。

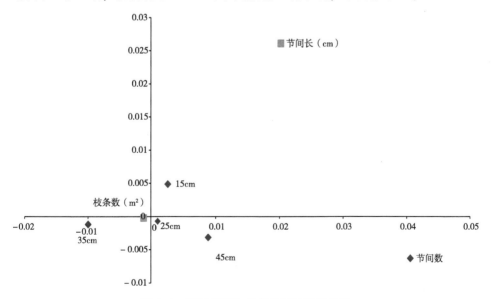

图 4-3　不同行距与枝条特征的对应分析

（三）不同行距对中苜 2 号不同生育期叶面积变化的影响

1. 不同行距的特征向量分析

在不同行距的特征向量分析中，行距 35cm 时在第一公因子上所承载的信息量较少，行距 45cm 时在第一公因子上所承载的信息量较多，但是在第二公因子上行距 45cm 承载的信息量最少，行距 25cm 最多（表 4-8）。

表 4-8　不同行距的特征向量分析

不同行距	特征向量		变量占比统计		
	第一坐标	第二坐标	贡献率之和	和占百分比	变量占特征值比
15cm	0.024 8	-0.018 6	1	0.241 6	0.333 8
25cm	0.016 9	0.022 3	1	0.257 5	0.289 9
35cm	-0.011 6	-0.005 1	1	0.250 9	0.057 7
45cm	-0.029 8	0.000 1	1	0.250 0	0.318 6

贡献率之和表示不同行距在 2 个公因子上的反映情况。由表 4-8 可知，2 个公因子贡献率之和都是 1，其承载信息量在 100%，所以可以采用 2 个公因子承载信息代替原指标信息。和占百分比表示原始数据中各列数据之和占总合计的百分比（%），此信息反映出 25cm>35cm> 45cm>15cm，这说明所测定的不同行距总体上变化规律为 25cm>35cm > 45cm >15cm。变量占特征比表示各行距对总特征向量贡献百分比，贡献率大小依次为 15cm>45cm > 25cm >35cm。

2. 不同行距的欧氏距离分析

15cm 和 25cm 之间的距离为 0.041 7，15cm 和 35cm 之间的距离为 0.038 8，25cm 和 35cm 之间的距离为 0.039 5。35cm 和 45cm 之间的距离为 0.018 9。因此，以各行距为观测的梯度变量 35cm 和 45cm 之间的距离最短，即 35cm 和 45cm 之间的叶面积较为接近；15cm 和 45cm 之间的距离最大，表明 15cm 的叶面积与 45cm 的差异较大（表 4-9）。

表 4-9　不同行距的欧氏距离分析

不同行距	25cm	35cm	45cm
15cm	0.041 7	0.038 8	0.057 7

（续表）

不同行距	25cm	35cm	45cm
25cm		0.039 5	0.051 7
35cm			0.018 9

3. 不同行距贡献率及信息量分析

不同行距贡献率及信息量分析如表 4-10 所示。公因子上变量的贡献率显示，45cm 在第一公因子上的贡献率较大，但在第二公因子上的贡献率为 0。15cm 和 25cm 在第二公因子上的贡献率较大；35cm 在第一公因子上的贡献率最小，其在第二公因子上的贡献率也最小。变量在双公因子上的贡献率显示，35cm 和 45cm 均在第一公因子上的贡献率相对第二公因子占有绝对优势。在信息量和总信息量中可以看到，25cm 坐标对特征值贡献率较多，行距 15cm、35cm 和 45cm 3 个坐标对特征值的贡献率小。

表 4-10　不同行距的贡献率及信息量分析

不同行距	公因子上变量的贡献率		变量在公因子上的贡献率		信息量		总信息量
	第一坐标	第二坐标	第一坐标	第二坐标	第一坐标	第二坐标	
15cm	0.311 5	0.382 7	0.641 1	0.358 9	1	0	1
25cm	0.154 1	0.587 9	0.365 2	0.634 8	0	2	2
35cm	0.070 5	0.029 4	0.840 2	0.159 8	1	1	1
45cm	0.463 8	0	1	0	0	0	1

4. 不同生育期叶面积的特征向量分析

不同生育期叶面积特征向量的分析结果如表 4-11 所示。盛花期叶面积在第一公因子所承载信息量均较多，结实期叶面积较小；而结实期叶面积在第二公因子上承载的信息量较多，盛花期叶面积最小。结实期的叶面积在第一坐标上的载荷与第二坐标载荷差值远小于其他生育期，因此其位置变动情况受第二坐标影响值的重视。

不同生育期叶面积的 2 个公因子所代表的信息量相等，贡献率之和都是 1，其承载信息在 100%，所以可以采用 2 个公因子承载信息代替原指标信息。和占百分比为初花期叶面积>盛花期叶面积>结实期叶面积，这说明所测定的不同生育期叶面积总体上变化规律为初花期叶面积>盛花期叶面积>结实期叶面积。变量占特征值比表示各生育期叶面积对总特征值贡献百分比，贡献率大小依次为盛花期叶面积>结实期叶面积>初花期叶面积，由此可以看出，盛花期叶面积在各相关贡献率占比排位情况比较稳定，而初花期叶面积和结实期叶面积贡献率较小，不稳定。

表 4-11　不同生育期叶面积的特征向量分析

不同生育期叶面积	特征向量		变量占比统计		
	第一坐标	第二坐标	贡献率之和	和占百分比	变量占特征值比
初花期	0.013 5	-0.017 7	1	0.354 9	0.252 6
盛花期	-0.030 5	0.001 7	1	0.338 0	0.453 1
结实期	0.018 0	0.018 6	1	0.307 1	0.294 3

5. 不同生育期叶面积的欧氏距离分析

不同生育期叶面积的欧氏距离分析结果列于表 4-12。初花期叶面积和盛花期叶面积之间的欧式距离为 0.048 1，初花期叶面积和结实期叶面积之间的欧氏距离为 0.036 5，盛花期叶面积和结实期叶面积之间的欧氏距离为 0.051 3。由此可见，初花期叶面积和结实期叶面积之间的距离最近，盛花期叶面积与结实期叶面积之间的距离最远。

表 4-12　不同生育期叶面积的欧氏距离分析

不同生育期叶面积	盛花期	结实期
初花期	0.048 1	0.036 5
盛花期		0.051 3

6. 不同生育期叶面积贡献率及信息量分析

不同生育期叶面积的贡献率及信息量分析结果列于表 4-13。公因子上变量的贡献率显示，盛花期叶面积在第一公因子上的贡献率较大，在第二公因子上的贡献率较小。初花期叶面积和结实期叶面积在第二公因子上的贡献率较大，在第一公因子上的贡献率小。变量在双公因子上的贡献率显示，不同生育期叶面积指标信息需要综合第一公因子和第二公因子才能反映完全。在信息量和总信息量中可以看到，坐标对特征值贡献较多的是初花期和结实期的叶面积，而盛花期叶面积的贡献较少。

表 4-13　不同生育期叶面积的贡献率及信息量分析

不同生育期叶面积	公因子上变量的贡献率		变量在公因子上的贡献率		信息量		总信息量
	第一坐标	第二坐标	第一坐标	第二坐标	第一坐标	第二坐标	
初花期	0.135 4	0.509 7	0.368 3	0.631 7	0	2	2
盛花期	0.657 5	0.004 5	0.996 9	0.003 1	1	0	1
结实期	0.207 1	0.485 8	0.483 3	0.516 7	2	2	2

7. 不同行距与不同生育期叶面积的对应分析

图 4-4 反映的是不同行距与不同生育期叶面积的对应分析结果。由于横坐标代表不同行距，根据各行距在横坐标的位置可知，沿横坐标由左向右分别是 45cm、35cm、25cm、15cm；同时，行距 45cm 与横轴的距离为 0，因此可以将行距 45cm 的信息变化看作完全由横坐标来决定。根据不同行距与不同生育期叶面积坐标点远近关系，可以将其划分为 3 个部分，其中盛花期的叶面积与行距

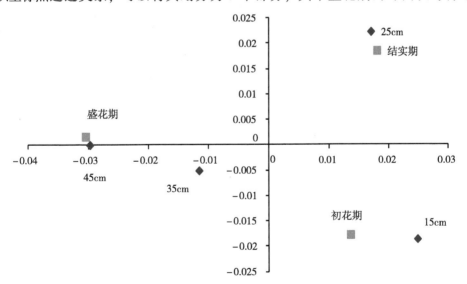

图 4-4　不同行距与不同生育期叶面积的对应分析

45cm 和 35cm 为一个区域，表明 45cm 和 35cm 对盛花期的叶面积大小影响比较明显，在其他行距条件下其变化不明显；行距 25cm 与结实期的叶面积划分为一个区域，说明行距 25cm 对结实期的叶面积大小有显著影响；行距 15cm 与初花期叶面积划分为一个区域，说明行距 15cm 对初花期的叶面积大小有显著影响。不同行距结实期的叶面积大小均小于初花期和盛花期，这是由于结实期面积较大的老叶开始脱落，而生殖生长期不同行距新出的叶片生长速度不同，新出叶面积的平均值较小。由此可知，不同生育期叶面积受不同行距影响，表现亦不相同。

（四）不同行距对中苜2号产量的影响

1. 不同行距对中苜2号总产量的影响

行距为 25cm、35cm 时，中苜 2 号的产量分别为 10 146.39kg/hm² 和 9 961kg/hm²，显著（$P < 0.05$）高于 15cm（8 598.62kg/hm²）和 45cm（8 247.12kg/hm²）。为进一步说明行距对产量的影响趋势，采用二次函数曲线进行拟合，函数关系为 $y = -815.41x^2 + 3 953.1x + 5 471.2$，$R^2 = 0.999 2$。对称轴的刻度为 $x = 2.43$，根据抛物线的特点求得最大值是 10 115.6kg/hm²。因此，不同行距对产量的影响规律可进行如下表述，随着行距的增加产量呈先增高后下降趋势，当行距在 25cm 区域内，能够获得较高的干草产量（图4-5）。

2. 不同行距对中苜2号不同茬次产量的影响

不同行距与中苜2号苜蓿每茬产量的单因素方差分析结果见图4-6所示，从第一茬产量来看，25cm 的产量最高，为 4 142.14kg/hm²，其次是35cm，为 4 125.73kg/hm²，2 个行距间无显著性差异（$P>0.05$）。产量最小的是45cm，为 3 728.57kg/hm²，与其他行距间差异显著（$P<0.05$）。第二茬产量最高的是行距 25cm，为 3 514.11kg/hm²，其次是 35cm 和 15cm 的产量，分别为 3 449.24 kg/hm²、3 059.48kg/hm²，3 个行距间无显著性差异（$P>0.05$）。第三茬中，25cm 的产量最高，为 2 490.14kg/hm²，最少的是15cm，为 1 618.56kg/hm²，比45cm 行距产量低 192.03kg/hm²，15cm 行距与其他行距间差异显著（$P<0.05$）。总的来看，不同行距中苜2号苜蓿的三茬产量排序为第一茬>第二茬>第三茬。

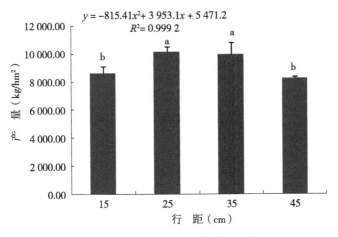

$$y = -815.41x^2 + 3\ 953.1x + 5\ 471.2$$
$$R^2 = 0.999\ 2$$

图 4-5　不同行距对中苜 2 号总产量影响

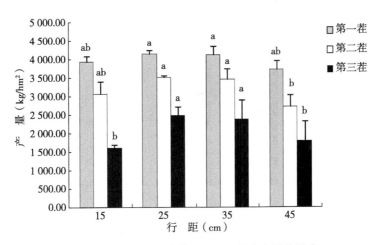

图 4-6　不同行距对中苜 2 号不同茬次产量的影响

第二节　不同行距对中苜 2 号养分含量的影响

一、不同行距对中苜 2 号 DM 含量的影响

不同行距对中苜 2 号 DM 含量无显著影响（$P>0.05$）。行距为 25cm 时的 DM 含量最高为 92.71%，45cm 时 DM 含量最少为 92.14%。行距间的 DM 含量差异不显著（$P>0.05$）。为进一步说明行距对 DM 的影响趋势，采用二次函数曲线进行拟合，函数关系为 $y=0.222\,3x^2-1.077\,3x+93.497$，$R^2=0.913\,1$。对称轴的刻度为 $x=2.42$，根据抛物线的特点求得最大值是 92.23%。因此，不同行距对 DM 含量的影响规律可进行如下表述，随着行距的增加 DM 含量呈先增高后下降趋势。当行距在 25cm 区域内，能够获得较高的 DM 含量（图 4-7）。

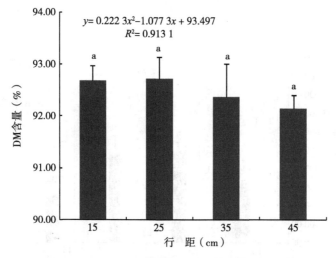

图 4-7　不同行距对中苜 2 号 DM 含量的影响

二、不同行距对中苜 2 号 CP 含量的影响

1. 不同行距对中苜 2 号 CP 含量均值的影响

不同行距对中苜 2 号 CP 有显著影响（$P<0.05$）。CP 含量在 16.81% ~

19.83%，含量最高的行距为 25cm，显著高于其他行距（$P<0.05$），CP 含量最低的行距为 15cm，较行距 25cm 的 CP 含量低 3.02%。为进一步说明行距对 CP 的影响趋势，采用二次函数曲线进行拟合，函数关系为 $y = -1.132\,4x^2 + 5.750\,9x + 12.358$，$R^2 = 0.902\,1$。对称轴的刻度为 $x = 2.54$，根据抛物线的特点求得最大值是 19.42%。因此，不同行距对中苜 2 号 CP 的影响规律可进行如下表述，随着行距的增加 CP 含量呈先升高后下降趋势。当行距在 25cm 区域内，能够获得较高的 CP 含量（图 4-8）。

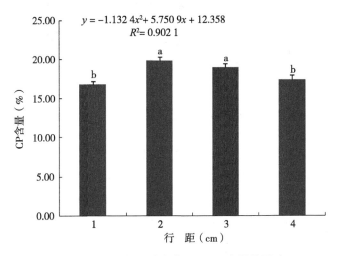

图 4-8　不同行距对中苜 2 号 CP 含量的影响

2. 不同行距对中苜 2 号不同茬次 CP 含量的影响

不同行距与中苜 2 号苜蓿每茬 CP 的单因素方差分析结果见图 4-9 所示，三茬苜蓿的 CP 含量不相同，第一茬中除行距 15cm 外，其余行距的第一茬 CP 含量都少于第二茬和第三茬。第一茬苜蓿中，CP 含量在 17.1%～19.35%，其中行距为 25cm 的 CP 含量最高，其次是行距 35cmCP 含量为 18.67%，行距 45cm 的 CP 含量最低。第二茬 CP 含量在 16.38%～20.34%，行距 25cm 与行距 15cm 在 CP 水平上差异显著（$P<0.05$）。第三茬 CP 含量在 16.81%～19.81%，其排序为 25cm>35cm>45cm>15cm，CP 含量最高与最低者差异显著（$P<0.05$）。

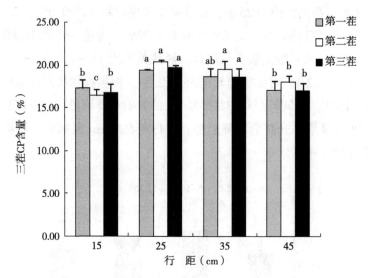

图4-9 不同行距对中苜2号不同茬次CP含量的影响

3. 不同行距对中苜2号洗涤纤维含量的影响

（1）不同行距对ADF含量的影响。不同行距对中苜2号ADF含量有显著影响（$P<0.05$）。ADF含量在39.8%～42.71%，含量最高的行距为45cm，显著高于其他行距（$P<0.05$），ADF含量最低的行距为35cm，与行距25cm之间无显著性差异（$P>0.05$）。为进一步说明行距对ADF的影响趋势，采用二次函数曲线进行拟合，函数关系为$y=1.127\,7x^2-5.335\,3x+45.923$，$R^2=0.972\,9$。对称轴的刻度为$x=2.36$，根据抛物线的特点求得最大值是39.76%。因此，不同行距对中苜2号ADF含量的影响规律可进行如下表述，随着行距的增加ADF含量呈先下降后上升趋势。当行距在35cm区域内，能够获得较低的ADF含量（图4-10）。

（2）不同行距对NDF含量的影响。不同行距对中苜2号NDF含量无显著影响（$P>0.05$）。NDF含量在48.44%～50.07%，含量最高的行距为15cm，含量最低的行距为35cm，行距间差异不显著（$P>0.05$）。为进一步说明行距对CP的影响趋势，采用二次函数曲线进行拟合，函数关系为$y=0.269\,1x^2-1.698\,2x+51.685$，$R^2=0.556\,7$。对称轴的刻度为$x=3.15$，根据抛物线的特点求得最大值

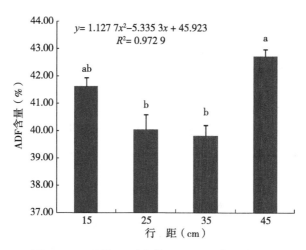

图 4-10　不同行距对中苜 2 号 ADF 含量的影响

是 49.01%。因此，不同行距对中苜 2 号 NDF 含量的影响规律可进行如下表述，随着行距的增加 NDF 含量呈先下降后上升趋势。当行距在 35cm 区域内，能够获得较低的 NDF 含量（图 4-11）。

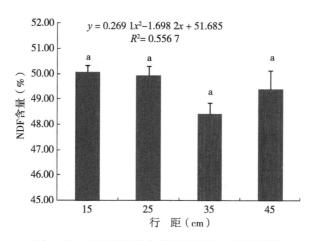

图 4-11　不同行距对中苜 2 号 NDF 含量的影响

4. 不同行距对中苜 2 号 RFV 的影响

不同行距对中苜 2 号 RFV 有显著影响（$P<0.05$），最高的行距是 35cm，RFV

为 111.17%，显著高于其他行距（$P<0.05$），其次是行距 25cm，RFV 为 107.52%；行距 15cm 和 45cm 的 RFV 较小，分别是 104.93% 和 104.77%，两者间没有显著性差异（$P>0.05$）。为进一步说明行距对 RFV 的影响趋势，采用二次函数曲线进行拟合，函数关系为 $y=-2.2491x^2+11.565x+95.056$，$R^2=0.97447$。对称轴的刻度为 $x=2.57$，根据抛物线的特点求得最大值是 109.51%。因此，不同行距对中苜 2 号 RFV 的影响规律可进行如下表述，随着行距的增加 RFV 含量呈先上升后下降趋势。当行距在 35cm 区域内，能够获得较高的 RFV（图 4-12）。

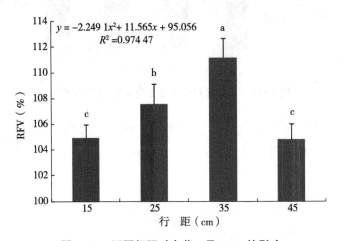

图 4-12　不同行距对中苜 2 号 RFV 的影响

5. 不同行距条件下中苜 2 号养分含量的对应分析

（1）不同行距的特征向量分析。在不同行距特征向量的分析中，行距 25cm 在第一公因子所承载信息较少，行距 15cm 和 45cm 在第一坐标所承载信息相等。行距 45cm 在第二公因子所承载的信息较少（表 4-14）。

贡献率之和表示不同行距在 2 个公因子上的反映情况，表 4-14 中，2 个公因子所代表的 4 个行距信息排序为 35cm>25cm > 15cm >45cm，由于承载信息量均较高，公因子承载信息可反映绝大部分原信息。和占百分比反映出 35cm>25cm > 45cm >15cm，这说明所测定的不同行距总体上变化规律为 35cm>25cm > 45cm >15cm。变量占特征值比表示不同行距对总特征向量贡献百分比，贡献率大小依次为 35cm>25cm > 15cm >45cm。

表4-14 不同行距的特征向量分析

不同行距	特征向量		变量占比统计		
	第一坐标	第二坐标	贡献率之和	和占百分比	变量占特征值比
15cm	−0.024 9	−0.003 4	0.917 1	0.247 2	0.223 2
25cm	0.021 6	0.016 1	0.997 7	0.251 7	0.239 9
35cm	0.027 3	−0.014 3	0.998 6	0.252 9	0.315 3
45cm	−0.024 9	0.001 6	0.913 6	0.248 2	0.221 7

（2）不同行距的欧氏距离分析。行距35cm和行距45cm之间的欧氏距离为0.054 6，距离最远，养分含量差别大；行距15cm和行距45cm之间的距离最近，为0.005 0，养分含量比较接近（表4-15）。

表4-15 不同行距的欧氏距离分析

不同行距	25cm	35cm	45cm
15cm	0.050 4	0.053 4	0.005 0
25cm		0.031 0	0.048 7
35cm			0.054 6

（3）不同行距的贡献率及信息量分析。不同行距的贡献率及信息量分析如表4-16所示。公因子上变量的贡献率显示，行距35cm和行距45cm在第一公因子上的贡献率较大，行距25cm在第一公因子上的贡献率最小，但在第二公因子上的贡献率较大。变量在双公因子上的贡献率显示，行距15cm和行距45cm在第一公因子上的贡献率相对第二公因子占有绝对优势；在信息量和总信息量中，行距25cm和行距35cm的坐标对特征值贡献率较多，而贡献率较少的是行距15cm和45cm。

表4-16 不同行距的贡献率及信息量分析

不同行距	公因子上变量的贡献率		变量在公因子上的贡献率		信息量		总信息量
	第一坐标	第二坐标	第一坐标	第二坐标	第一坐标	第二坐标	
15cm	0.250 1	0.023 6	0.900 4	0.016 7	1	0	1

（续表）

不同行距	公因子上变量的贡献率		变量在公因子上的贡献率		信息量		总信息量
	第一坐标	第二坐标	第一坐标	第二坐标	第一坐标	第二坐标	
25cm	0.191 2	0.543 0	0.640 1	0.357 6	0	2	2
35cm	0.307 7	0.428 3	0.784 0	0.214 6	2	2	2
45cm	0.251 1	0.005 2	0.910 0	0.003 7	1	0	1

（4）不同行距条件下养分含量的特征向量分析。不同养分含量的特征向量分析结果如表 4-17 所示，CP 在第一公因子和第二公因子上所承载的信息量均较多，RFV 在第一公因子上所承载的信息量最少，ADF 在第二公因子上所承载的信息量最少。4 个养分在第一公因子上荷载的值都大于第二公因子荷载的值，因此第一坐标可以看作是苜蓿养分在坐标系内的位置变动情况。

贡献率之和表示各养分指标信息在公因子上的分析结果。2 个公因子所代表的养分指标信息排序为 RFV>CP>ADF>NDF，由于承载信息量均较高，可以采用公因子承载信息代替原信息。和占百分比为 RFV>NDF>ADF>CP。变量占特征值比表示不同养分含量对总特征值贡献率百分比，贡献率大小为 CP > ADF > RFV>NDF。

表 4-17 不同养分含量的特征向量分析

养分指标	特征向量		变量占比统计		
	第一坐标	第二坐标	贡献率之和	和占百分比	变量占特征值比
CP	0.051 1	0.024 9	0.987 2	0.084 5	0.362 5
ADF	-0.036 8	0.001 8	0.958 0	0.190 2	0.353 4
NDF	-0.015 6	0.009 9	0.843 5	0.229 2	0.121 7
RFV	0.012 6	-0.009 5	0.999 4	0.496 2	0.162 4

（5）不同行距条件下养分含量的欧氏距离分析。CP 和 ADF 之间的欧氏距离为 0.091 0，距离最远；ADF 和 NDF 之间的欧氏距离为 0.022 7，距离最近。RFV 与 ADF、NDF 之间的欧氏距离都比较近，分别为 0.050 7 和 0.034 3（表 4-18）。

表 4-18　不同养分含量的欧氏距离分析

养分指标	ADF	NDF	RFV
CP	0.091 0	0.068 4	0.051 7
ADF		0.022 7	0.050 7
NDF			0.034 3

（6）不同行距条件下养分含量的贡献率及信息量分析。不同养分含量的贡献率及信息分析如表 4-19 所示，公因子上变量的贡献率显示，ADF 在第一公因子上的贡献率较大，在第二公因子上的贡献率较小。其他指标均在第二公因子上的贡献率较大，在第一公因子上的贡献率较小。同时，表中变量在双公因子上的贡献率显示，养分指标信息需要综合第一公因子和第二公因子才能反映完全。在信息量和总信息量中看到，CP、NDF 和 RFV 的坐标对特征值贡献率较多，而贡献率较少的是 ADF。

表 4-19　不同养分含量的贡献率及信息量分析

养分指标	公因子上变量的贡献率		变量在公因子上的贡献率		信息量		总信息量
	第一坐标	第二坐标	第一坐标	第二坐标	第一坐标	第二坐标	
CP	0.359 8	0.435 5	0.797 4	0.189 8	2	2	2
ADF	0.420 4	0.005 1	0.955 7	0.002 3	1	0	1
NDF	0.091 1	0.186 8	0.601 0	0.242 5	0	0	2
RFV	0.128 8	0.372 5	0.637 0	0.362 4	2	2	2

（7）不同行距下的养分含量对应分析。图 4-13 反映的是不同行距与不同养分含量的对应分析结果。从中可以看出，不同行距坐标都分布在横坐标轴较近的两侧，由第一坐标和第二坐标划分成 3 个区域。行距 25cm 和 CP 为一个区域；行距 45cm 和 15cm 与 ADF 和 NDF 为一个区域；行距 35cm 和 RFV 为一个区域。

根据行距和养分指标的区域分布特点及数据特征可知，行距为 25cm 时 CP 含量最高，行距 15cm 和 45cm 与 ADF 和 NDF 含量关系密切，行距 35cm 时 RFV 最高。

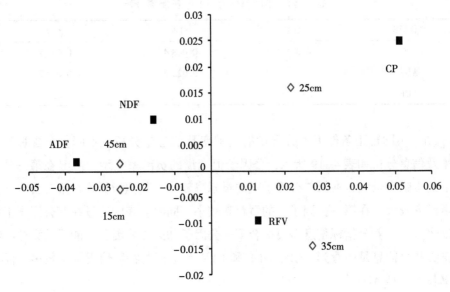

图 4-13   不同行距与不同养分含量的对应分析

第五章　施肥效应的研究

第一节　中苜2号农艺性状对"3414"试验处理的响应

一、株高的全信息模型和模拟寻优分析

（一）株高的全信息模型分析

对中苜2号施肥后株高的全信息模型进行分析后发现，P（X_1）和N（X_3）、K（X_2）和N（X_3）交互作用的回归系数未通过显著性检验（$P>0.05$），同时二次方项也未能通过显著性检验（$P>0.05$）。回归正交试验设计中，回归分析模型与其所引入的全部变量都应达到显著水平，对全信息模型进行分析，采用编码值与平均株高建立回归模型（表5-1）。

表5-1　株高的全信息模型分析

参数指标	参数估计值	标准误	T值	显著性
X_1	55 122.031 0	28.367 4	646.05	<0.000 1
X_2	1 947.113 0	28.367 4	22.82	0.005 0
X_3	900.606 4	28.367 4	10.56	0.022 7
$X_1 \times X_2$	2 154.131 5	8.395 0	25.25	0.004 0
$X_1 \times X_3$	75.015 2	8.395 0	0.88	0.391 5
$X_2 \times X_3$	21.977 2	8.395 0	0.26	0.633 4
X_1^2	0.419 3	3.514 7	0.00	0.946 8

（续表）

参数指标	参数估计值	标准误	T 值	显著性
X_2^2	96.925 8	3.514 7	1.14	0.335 2
X_3^2	45.846 6	3.51 47	0.54	0.496 4

注：X_1 为 P 的参数指标，X_2 为 K 的参数指标，X_3 为 N 的参数指标，×为交互。

模型如下。

$$Y = 5.782\ 1X_1 + 22.947\ 1X_2 + 27.780\ 3X_3 + 0.955\ 1X_1X_2 - 2.274\ 9X_1X_3 - 2.885\ 9X_2X_3 - 0.626\ 8X_1^2 - 3.891\ 2X_2^2 - 2.580\ 3X_3^2$$

此模型的 F 值为 78.61，达到极显著水平（$P < 0.01$），拟合率为 0.992 9，对其进行模拟寻优，根据最优模型，求偏导得到联立方程组如下。

$$\frac{\partial y}{\partial x_1} = 5.782\ 1 - 1.253\ 6X_1 - 0.955\ 1X_2 + 2.274\ 9X_3 = 0$$

$$\frac{\partial y}{\partial x_2} = 22.947\ 1 + 0.955\ 1X_1 - 7.782\ 4X_2 - 2.885\ 9X_3 = 0$$

$$\frac{\partial y}{\partial x_3} = 27.780\ 3 - 2.274\ 9X_1 - 2.885\ 9X_2 - 5.160\ 6X_3 = 0$$

解之得到 $X_1 = 6.29$（P），$X_2 = 3.5$（K），$X_3 = 0.68$（N），同时得出施 P（占过磷酸钙的 16%）为 155.7kg/hm^2、K（占硫酸钾的 50%）为 228.38kg/hm^2、N（占尿素的 46%）为 83.13kg/hm^2。此时得出的最高株高为 $Y = 67.42$cm。

（二）株高的模拟寻优分析

中苜 2 号苜蓿施肥后，进行 60d 的株高测定，最终取 14 个处理的平均最大株高为 70.36cm，70.36cm > 67.42cm，选择对照株高（62.26cm）作为依据，高于此株高的均为理论最优配比组合，得到其平均水平的编码值分别为 $X_1 = 2.5$、$X_2 = 2.4$、$X_3 = 2.6$，编码均值均落在编码区间范围内（95%）。

根据全信息模型，将 P、K、N 施肥量的模拟寻优分析结果列于表 5-2。在模拟寻优过程中，P、K、N 施肥量与株高设置相同，共得到 7 402 个株高因素组合，根据编码区间得到的实际区间可知，当株高范围为 67.42~67.66cm 时，施肥用量分别在 61.90~63.88kg/hm^2（P）、154.66~157.66kg/hm^2（K）和

$145.65 \sim 150.15 \mathrm{kg/hm^2}$（N）。获得最佳施肥量为 P $64\mathrm{kg/hm^2}$、K $157\mathrm{kg/hm^2}$、N $150\mathrm{kg/hm^2}$。

表 5-2　株高的模拟寻优分析

项目	P	K	N	株高
编码均值	2.54	2.39	2.63	67.54
标准误	0.02	0.01	0.02	0.06
编码区间（95%）	2.50~2.58	2.37~2.41	2.57~2.67	67.42~67.66
实际区间（95%）	61.90~63.88	154.66~157.22	145.65~150.15	

二、茎叶比的全信息模型和模拟寻优分析

（一）茎叶比的全信息模型分析

施肥后中苜 2 号茎叶比全信息模型的分析结果如表 5-3。从表中可以看到，P（X_1）和 N（X_3）、K（X_2）和 N（X_3）交互作用的回归系数未通过显著性检验（$P>0.05$），同时 N（X_3）的一次方项和 P（X_1）、K（X_2）、N（X_3）二次方项也未能通过显著性检验（$P>0.05$）。因此，需要对全信息模型进行分析，采用编码值与平均茎叶比建立回归模型。

表 5-3　茎叶比的全信息模型分析

参数指标	参数估计值	标准误	T 值	显著性
X_1	17.892 1	0.488 0	708.59	<0.000 1
X_2	0.426 6	0.488 0	16.90	0.009 3
X_3	0.137 3	0.488 0	5.44	0.067 1
$X_1 \times X_2$	0.873 8	0.144 4	34.60	0.002 0
$X_1 \times X_3$	0.002 9	0.144 4	0.12	0.747 3
$X_2 \times X_3$	0.002 0	0.144 4	0.08	0.786 0
X_1^2	0.000 7	0.060 5	0.03	0.876 5
X_2^2	0.026 5	0.060 5	1.05	0.352 2
X_3^2	0.062 5	0.060 5	2.48	0.176 4

注：X_1 为 P 的参数指标，X_2 为 K 的参数指标，X_3 为 N 的参数指标，×为交互。

模型如下。

$$Y = 0.251\,7X_1 + 0.503\,9X_2 + 0.344\,4X_3 - 0.071\,1X_1X_2 + 0.027\,9X_1X_3 - 0.006\,5X_2X_3 - 0.018\,8X_1^2 - 0.067\,4X_2^2 - 0.095\,1X_3^2$$

此模型的 F 值为 85.48，达到极显著水平（$P<0.01$），拟合率为 0.993 5，拟合度很高，对其进行模拟寻优，根据模型，求偏导得到联立方程组如下。

$$\frac{\partial y}{\partial x_1} = 0.251\,7 - 0.037\,6X_1 - 0.071\,1X_2 + 0.027\,9X_3 = 0$$

$$\frac{\partial y}{\partial x_2} = 0.503\,9 - 0.071\,1X_1 - 0.134\,8X_2 - 0.006\,5X_3 = 0$$

$$\frac{\partial y}{\partial x_3} = 0.344\,4 + 0.027\,9X_1 - 0.006\,5X_2 - 0.190\,2X_3 = 0$$

解之得到 $X_1 = 2$（P），$X_2 = 2.9$（K），$X_3 = 2$（N），同时得出施纯 P 为 49.52kg/hm²（占过磷酸钙的 16%）、K 为 189.22kg/hm²（占硫酸钾的 50%）、N 为 112.47kg/hm²（占尿素的 46%）。此时得出的最高茎叶比为 $Y=1.28$。

（二）茎叶比的模拟寻优分析

中苜 2 号苜蓿施肥后，取 14 个处理的平均最大茎叶比 1.37，大于 Y 值，选择对照处理（1.09）作为依据，低于此比例的均为理论最优配比组合，得到其平均水平的编码值分别为 $X_1 = 2.6$、$X_2 = 2.5$、$X_3 = 2.2$，编码均值均落在编码区间范围内（95%）。

根据全信息模型，P、K、N 施肥量的模拟寻优分析结果如表 5-4 所示。茎叶比是判断苜蓿品质好坏的一个重要指标。茎叶比小，则表明叶的含量多，即蛋白质含量丰富，纤维含量低，适口性较好，牧草品质也高。因此，对各因素取值进行均值计算，得到当茎叶比范围为 1.21 ~ 1.25 时，施肥用量在 63.63 ~ 65.62kg/hm²（P）、157.62 ~ 161.82kg/hm²（K）和 123.72 ~ 125.97kg/hm²（N）区间内。获得最佳施肥量为 P 65kg/hm²、K 162kg/hm²、N 126kg/hm²。

表5-4 茎叶比的模拟寻优分析

项目	P	K	N	茎叶比
编码均值	2.61	2.44	2.22	1.23
标准误	0.02	0.02	0.01	0.01
编码区间（95%）	2.57~2.65	2.40~2.48	2.20~2.24	1.21~1.25
实际区间（95%）	63.63~65.62	157.62~161.82	123.72~125.97	

三、产量影响的全信息模型和模拟寻优分析

（一）产量全信息模型分析

施肥后中苜2号产量全信息模型的分析结果列于表5-5。从表中可以看到，P（X_1）、K（X_2）和P（X_1）、N（X_3）交互作用项的偏回归系数未能通过显著性检验（$P>0.05$），P（X_1）、K（X_2）和N（X_3）的二次方项也未能通过显著性检验（$P>0.05$），因此需要对全信息模型进行分析，采用编码值与总产量建立回归模型。

表5-5 产量的全信息模型分析

参数指标	参数估计值	标准误	T值	显著性
X_1	1 913 283 002	3 835.061 4	1 226.91	<0.000 1
X_2	39 450 798	3 835.061 4	25.30	0.00
X_3	40 747 671	3 835.061 4	26.13	0.00
$X_1 \times X_2$	38 486 955	1 134.942 6	24.68	0.00
$X_1 \times X_3$	352 003	1 134.942 6	0.23	0.65
$X_2 \times X_3$	2 513 011	1 134.942 6	1.61	0.26
X_1^2	617 605	475.162 4	0.40	0.56
X_2^2	5 190 782	475.162 4	3.33	0.13
X_3^2	2 998 233	475.162 4	1.92	0.22

注：X_1为P的参数指标，X_2为K的参数指标，X_3为N的参数指标，×为交互。

模型如下。

$$Y = -856.852\,3X_1 + 8\,336.885\,4X_2 + 2\,004.111\,8X_3 - 500.970\,8X_1X_2 + 1\,741.616\,5X_1X_3 - 979.629\,0X_2X_3 - 383.948\,1X_1^2 - 903.759\,5X_2^2 - 658.857\,6X_3^2$$

此模型的 F 值为 145.61，达到极显著水平（$P<0.01$），拟合率为 0.996 1，对其进行模拟寻优，根据模型求偏导得到联立方程组如下。

$$\frac{\partial y}{\partial x_1} = -856.852\,3 - 767.896\,2X_1 - 500.970\,8X_2 + 1\,741.616\,5X_3 = 0$$

$$\frac{\partial y}{\partial x_2} = 8\,336.885\,4 - 500.970\,8X_1 - 1\,807.519\,0X_2 - 979.629\,0X_3 = 0$$

$$\frac{\partial y}{\partial x_3} = 2\,004.111\,8 + 1\,741.616\,5X_1 - 979.629\,0X_2 - 1\,317.715\,2X_3 = 0$$

解之得到 $X_1=2.1$（P）、$X_2=2.8$（K）、$X_3=2.2$（N），同时得出施纯 P 为 26kg/hm²（占过磷酸钙的 16%）、K 为 91.4kg/hm²（占硫酸钾的 50%）、N 为 61.9kg/hm²（占尿素的 46%），此时得出的最高产量为 $Y=$ 13 051.42kg/hm²。

（二）产量模拟寻优分析

中苜 2 号苜蓿施肥后，14 个处理得到的最高产量为 14 204.01kg/hm²，实际产量大于理论产量，选择对照产量 9 878.37kg/hm² 作为依据，因此高于此产量的均为理论最优配比组合，得到其总产水平的编码均值分别为 $X_1=2.54$、$X_2=2.61$、$X_3=2.56$，编码均值均落在编码区间范围内（95%）。

根据全信息模型，P、K、N 施肥量的模拟寻优分析结果列于表5-6。在模拟寻优过程中，P、K、N 施肥量与总产量设置相同，共得到 9 133 个产量因素组合，其中有 3 596 个组合方案的产量高于 9 878.37kg/hm²，占 39%，根据编码区间得到的实际区间可知，当产量范围为 12 266.74～12 348.66kg/hm² 时，施肥用量分别在 31.20～31.70kg/hm²（P）、84.50～86.05kg/hm²（K）和 71.42～73.08kg/hm²（N）。获得最佳施肥量为 P 31.70kg/hm²、K 86.05kg/hm²、N 肥 73.08kg/hm²。

表5-6 产量模拟寻优分析

项目	P	K	N	总产量
编码均值	2.54	2.61	2.56	12 307.70
标准误	0.01	0.01	0.01	20.90
编码区间（95%）	2.52~2.56	2.59~2.63	2.54~2.68	12 266.74~12 348.66
实际区间（95%）	31.20~31.70	84.50~86.05	71.42~73.08	

第二节 中苜2号养分含量对"3414"试验处理的响应

一、CP全信息模型和模拟寻优分析

（一）CP全信息模型分析

CP全信息模型的分析结果如表5-7所示。从表中可以看到，除P（X_1）、K（X_2）的一次方项和交互作用项通过显著性检验外（$P<0.05$），其他偏回归系数都未通过显著性检验（$P>0.05$）。因此，需要对全信息模型进行分析，建立蛋白质的回归模型。

表5-7 CP全信息模型分析

参数指标	参数估计值	标准误	T值	显著性
X_1	4 018.949 7	9.197 4	448.080 0	<0.000 1
X_2	142.935 4	9.197 4	15.940 0	0.010 4
X_3	54.642 4	9.197 4	6.090 0	0.056 7
$X_1 \times X_2$	123.962 9	2.721 9	13.820 0	0.013 7
$X_1 \times X_3$	4.022 4	2.721 9	0.450 0	0.532 7
$X_2 \times X_3$	0.062 2	2.721 9	0.010 0	0.936 9
X_1^2	2.482 3	1.139 6	0.280 0	0.621 3
X_2^2	0.922 8	1.139 6	0.100 0	0.761 4
X_3^2	2.086 3	1.139 6	0.230 0	0.650 0

注：X_1为P的参数指标，X_2为K的参数指标，X_3为N的参数指标，×为交互。

模型如下。

$$Y = 6.919\,1X_1 + 2.013\,6X_2 + 5.229\,1X_3 - 0.242\,5X_1X_2 - 1.063\,4X_1X_3 + 0.237\,5X_2X_3 - 0.649\,6X_1^2 - 0.396\,9X_2^2 - 0.549\,6X_3^2$$

此模型的 F 值为 53.89，达到极显著水平（$P<0.01$），拟合率为 0.989 7，对其进行模拟寻优，根据模型求偏导得到联立方程组如下。

$$\frac{\partial y}{\partial x_1} = 6.919\,1 - 1.299\,2X_1 - 0.242\,5X_2 - 1.063\,4X_3 = 0$$

$$\frac{\partial y}{\partial x_2} = 2.013\,6 - 0.242\,5X_1 - 0.793\,8X_2 + 0.237\,5X_3 = 0$$

$$\frac{\partial y}{\partial x_3} = 2.013\,6 - 0.242\,5X_1 - 0.793\,8X_2 + 0.237\,5X_3 = 0$$

解之得到 $X_1=4.6$（P）、$X_2=1.3$（K）、$X_3=0.5$（N），同时得出施纯 P（占过磷酸钙的 16%）为 56.95kg/hm²、K（占硫酸钾的 50%）为 42.42kg/hm²、N（占尿素的 46%）为 14.06kg/hm²。此时得出的最高产量为 $Y=18.76\%$。

（二）CP 模拟寻优分析

依据全信息模型，施肥后中苜 2 号苜蓿受 P、K、N 影响的模拟寻优分析结果如表 5-8 所示。在模拟寻优过程中，14 个处理中平均 CP 含量最高的为 18.71%，理论值大于实际值，选择对照处理（17.05%）作为依据，共得到 7 571 个模拟寻优结果，其中有 2 877 个配比组合高于 17.05%，占 38%。因此，对各因素取值进行计算，得到其平均水平为 $X_1=2.63$、$X_2=2.5$、$X_3=2.62$。根据编码区间得到的实际区间可知，当 CP 含量为 18.06%～19.00% 时，施肥量分别为 P 32.06～33.05kg/hm²，K 80.26～82.87kg/hm²，N 72.55～74.80kg/hm²。获得最佳施肥量为 P 33kg/hm²、K 83kg/hm²、N 75kg/hm²。

表 5-8　CP 模拟寻优分析

项目	P	K	N	CP
编码均值	2.63	2.50	2.62	18.08
标准误	0.02	0.02	0.02	0.01
编码区间（95%）	2.59～2.67	2.46～2.54	2.58～2.66	18.06～19.00

（续表）

项目	P	K	N	CP
实际区间（95%）	32.06~33.05	80.26~82.87	72.55~74.80	

二、ADF 全信息模型和模拟寻优分析

（一）ADF 全信息模型分析

施肥后中苜 2 号苜蓿 ADF 的全信息模拟分析结果如表 5-9 所示。从表中可以看到，P（X_1）、K（X_2）和 N（X_3）的一次方项与 P（X_1）、K（X_2）交互作用项通过显著性检验（$P<0.05$），其余的都未通过显著性检验（$P>0.05$）。对其采用编码值与平均数建立回归模型。

表 5-9　ADF 全信息模型分析

参数指标	参数估计值	标准误	T 值	显著性
X_1	18 953.605 7	19.058 7	492.140 0	<0.000 1
X_2	748.583 6	19.058 7	19.440 0	0.007 0
X_3	258.188 7	19.058 7	6.700 0	0.048 9
$X_1 \times X_2$	793.842 7	5.640 2	20.610 0	0.006 2
$X_1 \times X_3$	12.856 7	5.640 2	0.330 0	0.588 5
$X_2 \times X_3$	2.024 4	5.640 2	0.050 0	0.827 7
X_1^2	24.325 3	2.361 4	0.630 0	0.462 8
X_2^2	24.104 5	2.361 4	0.630 0	0.464 7
X_3^2	28.228 2	2.361 4	0.730 0	0.431 0

注：X_1 为 P 的参数指标，X_2 为 K 的参数指标，X_3 为 N 的参数指标，×为交互。

模型如下。

$$Y = 13.502\ 6X_1 + 11.096\ 2X_2 + 10.394\ 4X_3 - 0.855\ 4X_1X_2 - 0.561\ 7X_1X_3 + 0.360\ 9X_2X_3 - 2.090\ 7X_1^2 - 1.982\ 5X_2^2 - 2.021\ 6X_3^2$$

此模型的 F 值为 60.14，达到极显著水平（$P<0.01$），拟合率为 0.990 8 对其进行模拟寻优，根据模型求偏导得到联立方程组如下。

$$\frac{\partial y}{\partial x_1} = 13.502\,6 - 4.181\,4X_1 - 0.855\,4X_2 - 0.561\,7X_3 = 0$$

$$\frac{\partial y}{\partial x_2} = 11.096\,2 - 0.855\,4X_1 - 3.965\,0X_2 + 0.360\,9X_3 = 0$$

$$\frac{\partial y}{\partial x_3} = 10.394\,4 - 0.561\,7X_1 + 0.360\,9X_2 - 4.043\,2X_3 = 0$$

解之得到 $X_1 = 2.4$（P），$X_2 = 2.5$（K），$X_3 = 2.5$（N），同时得出施纯 P（占过磷酸钙的 16%）为 29.6kg/hm^2、K（占硫酸钾的 50%）为 81.56kg/hm^2、N（占尿素的 46%）为 70.30kg/hm^2。此时得出的 ADF 含量最高的为 $Y = 42.82\%$。

（二）ADF 模拟寻优分析

中首 2 号苜蓿施肥后，14 个处理得到的 ADF 含量最高为 40.57%，选择对照处理 38.76% 作为依据，得出理论最优配比组合，得到编码均值分别为 $X_1 = 2.38$、$X_2 = 2.50$、$X_3 = 2.47$。

根据全信息模型，P、K、N 施肥量的模拟寻优分析结果如表 5-10 所示。在模拟寻优过程中，P、K、N 施肥量与 ADF 含量设置相同，共得到 3 676 个结果，ADF 最大值为 42.82%。结合实际最高值 40.57% 和中国饲料数据库标准，认为小于 40.57% 均为获得低 ADF 含量的最优处理组合。共得到 1 542 次模拟结果，根据编码区间得到的实际区间可知当 ADF 含量为 40.34%~40.44% 时，施肥量分别在 28.97~29.97kg/hm^2（P）、80.26~82.87kg/hm^2（K）和 68.33~70.58 kg/hm^2（N）。获得最佳施肥量为 P 30kg/hm^2、K 83kg/hm^2、N 71kg/hm^2。

表 5-10　ADF 模拟寻优分析

项目	P	K	N	ADF
编码均值	2.38	2.50	2.47	40.38
标准误	0.02	0.02	0.02	0.03
编码区间（95%）	2.34~2.42	2.46~2.54	2.43~2.51	40.34~40.44
实际区间（95%）	28.97~29.97	80.26~82.87	68.33~70.58	

三、NDF 全信息模型和模拟寻优分析

(一) NDF 全信息模型分析

施肥后中苜 2 号苜蓿 NDF 的全信息模拟分析结果如表 5-11 所示。从表中可以看到，P（X_1）和 N（X_3）、K（X_2）和 N（X_3）的交互作用项未通过显著性检验（$P>0.05$）。同时 P、K、N 的二次方项也未能通过显著性检验（$P>0.05$）。对其采用编码值与平均数建立回归模型。

表 5-11　NDF 全信息模型

参数指标	参数估计值	标准误	T 值	显著性
X_1	26 163.550 0	21.319 5	542.90	<0.000 1
X_2	951.522 2	21.319 5	19.74	0.006 7
X_3	353.185 7	21.319 5	7.33	0.042 4
$X_1 \times X_2$	1 147.660 0	6.309 2	23.81	0.004 6
$X_1 \times X_3$	4.399 9	6.309 2	0.09	0.774 7
$X_2 \times X_3$	14.123 2	6.309 2	0.29	0.611 5
X_1^2	28.091 8	2.641 5	0.58	0.479 6
X_2^2	58.540 2	2.641 5	1.21	0.320 6
X_3^2	70.799 1	2.641 5	1.47	0.279 6

注：X_1 为 P 的参数指标，X_2 为 K 的参数指标，X_3 为 N 的参数指标，×为交互。

模型如下。

$$Y = 8.178\,4X_1 + 22.081\,2X_2 + 12.329\,3X_3 - 1.327\,6X_1X_2 + 2.356\,0X_1X_3 - 1.229\,4X_2X_3 - 2.356\,1X_1^2 - 3.092\,6X_2^2 - 3.201\,6X_3^2$$

此模型的 F 值为 66.38，达到极显著水平（$P<0.01$），拟合率为 0.991 7，对其进行模拟寻优，根据模型求偏导得到联立方程组如下。

$$\frac{\partial y}{\partial x_1} = 8.178\,4 - 4.712\,2X_1 - 1.327\,6X_2 + 2.356\,0X_3 = 0$$

$$\frac{\partial y}{\partial x_2} = 22.081\,2 - 1.327\,6X_1 - 6.185\,2X_2 - 1.229\,4X_3 = 0$$

$$\frac{\partial y}{\partial x_3} = 12.329\ 3 + 2.356\ 0X_1 - 1.229\ 4X_2 - 6.403\ 2X_3 = 0$$

解之得到 $X_1 = 2.1$（P）, $X_2 = 2.7$（K）, $X_3 = 2.2$（N）, 同时得出施纯 P（占过磷酸钙的 16%）为 25.5kg/hm²、K（占硫酸钾的 50%）为 88.10kg/hm²、N（占尿素的 46%）为 60.73kg/hm²。此时得出的 NDF 含量最高的为 $Y = 51.54\%$。

（二）NDF 模拟寻优分析

14 个处理中选择对照处理（46.59%）作为依据，低于对照处理的均为理论最优组合配比，得到其平均水平的编码均值分别为 $X_1 = 2.17$、$X_2 = 2.66$、$X_3 = 2.22$，编码均值均落在编码区间范围内（95%）。

根据全信息模型，P、K、N 施肥量的模拟寻优分析结果如表 5-12 所示。在模拟寻优过程中，P、K、N 施肥量与 NDF 设置相同，共得到 2 887 个模拟寻优结果，NDF 最大值为 51.54%。结合实际最高值 48.83% 和中国饲料数据库标准可知，大于 60% 均认为是获得高 NDF 含量的最优处理组合。共可以得到 1 330 个模拟结果，根据编码区间得到的实际区间，当 NDF 含量为 48.6%~48.76% 时，施肥量分别在 26.37~27.36kg/hm²（P）、85.48~88.09kg/hm²（K）和 61.30~63.55kg/hm²（N）。此时，得到的 NDF 含量低于中国饲料数据库标准，表明通过模拟寻优得到的理论结果，符合饲喂标准。

表 5-12　NDF 模拟寻优分析

项目	P	K	N	NDF
编码均值	2.17	2.66	2.22	48.68
标准误	0.02	0.02	0.02	0.04
编码区间（95%）	2.13~2.21	2.62~2.7	2.18~2.26	48.60~48.76
实际区间（95%）	26.37~27.36	85.48~88.09	61.03~63.55	

四、Ca 含量全信息模型和模拟寻优分析

（一）Ca 含量全信息模型分析

施肥后中苜 2 号苜蓿 Ca 含量的全信息模拟分析结果如表 5-13 所示。从表中

可以看到，P（X_1）和 K（X_2）的一次方项回归系数通过了显著性检验（$P<$ 0.05），同时 P（X_1）和 K（X_2）交互作用项也通过了检验（$P<0.05$），其他系数都未通过显著性检验（$P>0.05$）。因此，需要对全信息模型进行分析，采用编码值与平均株高建立回归模型。

表 5-13　Ca 含量全信息模型分析

参数指标	参数估计值	标准误	T 值	显著性
X_1	23.606 5	0.724 4	424.20	<0.000 1
X_2	0.858 8	0.724 4	15.43	0.011 1
X_3	0.320 7	0.724 4	5.76	0.061 6
$X_1 \times X_2$	0.933 0	0.214 3	16.77	0.009 4
$X_1 \times X_3$	0.021 4	0.214 3	0.39	0.562 1
$X_2 \times X_3$	0.000 7	0.214 3	0.01	0.912 0
X_1^2	0.007 2	0.089 7	0.13	0.733 3
X_2^2	0.016 9	0.089 7	0.31	0.604 4
X_3^2	0.027 1	0.089 7	0.49	0.516 0

注：X_1 为 P 的参数指标，X_2 为 K 的参数指标，X_3 为 N 的参数指标，×为交互。

模型如下。

$Y = 0.433\ 5X_1 + 0.302\ 6X_2 + 0.436\ 7X_3 - 0.031\ 6X_1X_2 - 0.059\ 8X_1X_3 + 0.012\ 1X_2X_3 - 0.038\ 6X_1^2 - 0.053\ 2X_2^2 - 0.062\ 7X_3^2$

此模型的 F 值为 51.5，达到极显著水平（$P<0.01$），拟合率为 0.989 3，拟合度很高，对其进行模拟寻优，根据模型，求偏导得到联立方程组如下。

$$\frac{\partial y}{\partial x_1} = 0.433\ 5 - 0.077\ 2X_1 - 0.031\ 6X_2 - 0.059\ 8X_3 = 0$$

$$\frac{\partial y}{\partial x_2} = 0.302\ 6 - 0.031\ 6X_1 - 0.106\ 4X_2 + 0.012\ 1X_3 = 0$$

$$\frac{\partial y}{\partial x_3} = 0.436\ 7 - 0.059\ 8X_1 + 0.012\ 1X_2 - 0.125\ 4X_3 = 0$$

解之得到 $X_1=2.9$（P），$X_2=2.4$（K），$X_3=2.3$（N），同时得出施纯 P（占过磷酸钙的 16%）为 35.9kg/hm²、K（占硫酸钾的 50%）为 78.31kg/hm²、N（占尿素的 46%）为 64.67kg/hm²。此时得出的 Ca 值最高的为 $Y=1.47\%$。

（二）Ca 含量模拟寻优分析

中苜 2 号苜蓿施肥后，14 个处理得到的 Ca 含量最高为 1.44%，选择对照处理 1.38% 作为依据，得出理论最优配比组合，得到编码值分别为 $X_1 = 2.64$、$X_2 = 2.35$、$X_3 = 2.45$。

依据全信息模型，施肥后中苜 2 号苜蓿受 P、K、N 影响的模拟寻优分析结果如表 5-14 所示。在模拟寻优过程中，P、K、N 施肥量与 Ca 含量设置相同，共得到 4 323 个结果，其中有 1 637 个组合方案大于 1.38%，占 38%，根据编码区间得到的实际区间可知，当 Ca 含量为 1.42% 时，施肥量分别在 32.19~33.18kg/hm² (P)、75.37~77.95kg/hm² (K) 和 67.76~70.00kg/hm² (N)。

表 5-14　Ca 含量模拟寻优分析

项目	P	K	N	Ca
编码均值	2.64	2.35	2.45	1.42
标准误	0.02	0.02	0.02	0.00
编码区间（95%）	2.60~2.68	2.31~2.39	2.41~2.49	1.42
实际区间（95%）	32.19~33.18	75.37~77.95	67.76~70.00	

五、P 含量全信息模型和模拟寻优分析

（一）P 含量全信息模型分析

施肥后中苜 2 号苜蓿 P 含量的全信息模拟分析结果如表 5-15 所示。从表中可以看到，P（X_1）和 K（X_2）的一次方项回归系数通过了显著性检验（$P < 0.05$），同时 P（X_1）和 K（X_2）的交互作用项也通过了显著性检验（$P < 0.05$），其他系数都未通过显著性检验（$P > 0.05$）。因此，需要对全信息模型进行分析，采用编码值与平均株高建立回归模型。

表 5-15　P 含量全信息模型分析

参数指标	参数估计值	标准误	T 值	显著性
X_1	1.337 5	0.170 8	432.52	<0.000 1

（续表）

参数指标	参数估计值	标准误	T 值	显著性
X_2	0.046 3	0.170 8	14.99	0.011 7
X_3	0.018 6	0.170 8	6.03	0.057 5
$X_1 \times X_2$	0.057 8	0.050 5	18.70	0.007 5
$X_1 \times X_3$	0.001 3	0.050 5	0.44	0.538 1
$X_2 \times X_3$	0.000 0	0.050 5	0.01	0.931 3
X_1^2	0.000 3	0.021 2	0.11	0.751 9
X_2^2	0.001 1	0.021 2	0.36	0.572 6
X_3^2	0.001 1	0.021 2	0.35	0.578 4

注：X_1 为 P 的参数指标，X_2 为 K 的参数指标，X_3 为 N 的参数指标，×为交互。

模型如下。

$$Y = 0.111\,7X_1 + 0.076\,7X_2 + 0.094\,9X_3 - 0.010\,0X_1X_2 - 0.016\,4X_1X_3 + 0.003\,6X_2X_3 - 0.008\,5X_1^2 - 0.013\,5X_2^2 - 0.012\,6X_3^2$$

此模型的 F 值为 52.61，达到极显著水平（$P<0.01$），拟合率为 0.989 5，拟合度很高，对其进行模拟寻优，根据模型，求偏导得到联立方程组如下。

$$\frac{\partial y}{\partial x_1} = 0.111\,7 - 0.017\,0X_1 - 0.010\,0X_2 - 0.016\,4X_3 = 0$$

$$\frac{\partial y}{\partial x_2} = 0.076\,7 - 0.010\,0X_1 - 0.027\,0X_2 + 0.003\,6X_3 = 0$$

$$\frac{\partial y}{\partial x_3} = 0.094\,9 - 0.016\,4X_1 + 0.003\,6X_2 - 0.025\,2X_3 = 0$$

解之得到 $X_1 = 2.9$（P），$X_2 = 2.4$（K），$X_3 = 2.3$（N），同时得出施纯 P（占过磷酸钙的 16%）为 35.9kg/hm²、K（占硫酸钙的 50%）为 78.3kg/hm²、N（占尿素的 46%）为 64.67kg/hm²。此时得出的 Ca 值最高，$Y = 1.47\%$。

（二）P 含量模拟寻优分析

中苜 2 号苜蓿施肥后，14 个处理得到的磷含量最高为 0.34%，选择对照处理 0.33% 作为依据，得出理论最优配比组合，得到编码值分别为 $X_1 = 2.6$、$X_2 = 2.3$、$X_3 = 2.5$，编码均值均落在编码区间范围内（95%）。

依据全信息模型，施肥后中苜 2 号苜蓿受 P、K、N 影响的模拟寻优分析结果如表 5-16 所示。在模拟寻优过程中，P、K、N 施肥量与 P 含量设置相同，共得到 4 406 个结果，其中有 1 667 个组合方案大于 0.33%，占 38%，根据编码区间得到的实际区间可知，当 Ca 含量为 0.34%时，以 32.19~33.18kg/hm^2（P）、72.43~75.04kg/hm^2（K）和 67.77~70.00kg/hm^2（N）的使用量比较适宜。

表 5-16　P 含量模拟寻优分析

项目	P	K	N	P
编码均值	2.64	2.26	2.45	0.34
标准误	0.02	0.02	0.02	0.00
编码区间（95%）	2.60~2.68	2.22~2.30	2.41~2.49	0.34
实际区间（95%）	32.19~33.18	72.43~75.04	67.77~70.00	

六、粗灰分（Ash）全信息模型和模拟寻优分析

（一）Ash 全信息模型分析

施肥后中苜 2 号苜蓿 Ash 的全信息模拟分析结果如表 5-17。从表中可以看到，N（X_3）的一次方项、二次方项和 P（X_1）、K（X_2）的交互作用未能通过显著性检验（P>0.05），同时 P（X_1）、K（X_2）的交互作用和二次方项也未能通过显著性检验。因此，需要对全信息模型进行分析，采用编码值与总产量建立回归模型。

表 5-17　Ash 全信息模型分析

参数指标	参数估计值	标准误	T 值	显著性
X_1	1 402.677 1	5.711 3	405.57	<0.000 1
X_2	46.075 2	5.711 3	13.32	0.014 7
X_3	17.624 0	5.711 3	5.10	0.073 6
$X_1 \times X_2$	54.138 7	1.690 2	15.65	0.010 8
$X_1 \times X_3$	1.177 4	1.690 2	0.34	0.584 9
$X_2 \times X_3$	0.025 2	1.690 2	0.01	0.935 2

（续表）

参数指标	参数估计值	标准误	T 值	显著性
X_1^2	0.447 8	0.707 6	0.13	0.733 7
X_2^2	1.656 2	0.707 6	0.48	0.519 8
X_3^2	1.571 8	0.707 6	0.45	0.530 1

注：X_1 为 P 的参数指标，X_2 为 K 的参数指标，X_3 为 N 的参数指标，×为交互。

模型如下。

$Y =$ 3.430 8X_1 + 2.677 2X_2 + 2.953 1X_3 − 0.266 1X_1X_2 − 0.397 9X_1X_3 + 0.159 4X_2X_3 − 0.308 4X_1^2 − 0.516 6X_2^2 − 0.477 0X_3^2

此模型的 F 值为 49.01，达到极显著水平（$P<0.01$），拟合率为 0.988 8，拟合度很高，对其进行模拟寻优，根据模型，求偏导得到联立方程组如下。

$$\frac{\partial y}{\partial x_1} = 3.430\ 8 - 0.616\ 8X_1 - 0.266\ 1X_2 - 0.397\ 9X_3 = 0$$

$$\frac{\partial y}{\partial x_2} = 2.677\ 2 - 0.266\ 1X_1 - 1.033\ 2X_2 + 0.159\ 4X_3 = 0$$

$$\frac{\partial y}{\partial x_3} = 2.953\ 1 - 0.397\ 9X_1 + 0.159\ 4X_2 - 0.954\ 0X_3 = 0$$

解之得到 $X_1 = 3.4$（P），$X_2 = 2$（K），$X_3 = 2$（N），同时得出施纯 P（占过磷酸钙的 16%）为 42.09kg/hm^2、K（占硫酸钾的 50%）为 62.3kg/hm^2、N（占尿素的 46%）为 56.24kg/hm^2。此时得出的 Ash 含量最高，$Y=11.51\%$。

（二）Ash 模拟寻优分析

中苜 2 号苜蓿施肥后，14 个处理得到的最高 Ash 值为 11.06%，理论值大于实际值，选择对照处理 10.73% 作为依据，高于此含量的均为理论最优配比组合，得到编码值分别为 $X_1 = 2.9$、$X_2 = 2.2$、$X_3 = 2.3$。

依据全信息模型，施肥后中苜 2 号苜蓿受 P、K、N 影响的模拟寻优分析结果如表 5-18 所示。在模拟寻优过程中，P、K、N 施肥量与 Ash 含量设置相同，共得到 3 717 个结果，其中有 1 273 个组合方案大于 10.73%，占 34%，根据编码区间得到的实际区间可知，当 Ash 值为 11.05%～11.09% 时，施用 35.74～

36. 68kg/hm² (P)、70. 47~73. 08kg/hm² (K) 和 62. 76~65. 00kg/hm² (N) 比较适宜。

表 5-18　Ash 模拟寻优分析

项目	P	K	N	粗灰分
编码均值	2. 92	2. 20	2. 27	11. 07
标准误	0. 02	0. 02	0. 02	0. 01
编码区间（95%）	2. 88~2. 96	2. 16~2. 24	2. 23~2. 31	11. 05~11. 09
实际区间（95%）	35. 74~36. 68	70. 47~73. 08	62. 76~65. 00	

七、EE 全信息模型和模拟寻优分析

(一) EE 全信息模型分析

施肥后中苜 2 号苜蓿 EE 的全信息模拟分析结果如表 5-19 所示。从表中可以看到，N (X_3) 的一次方项、二次方项和 P (X_1)、K (X_2) 的交互作用未能通过显著性检验 ($P>0.05$)，同时 P (X_1)、K (X_2) 的交互作用和二次方项也未能通过显著性检验。因此，需要对全信息模型进行分析，采用编码值与总产量建立回归模型。

表 5-19　EE 全信息模型分析

参数指标	参数估计值	标准误	T 值	显著性
X_1	91. 145 3	1. 416 5	428. 45	<0. 000 1
X_2	3. 209 4	1. 416 5	15. 09	0. 011 6
X_3	1. 370 2	1. 416 5	6. 44	0. 052 0
$X_1 \times X_2$	3. 514 9	0. 419 2	16. 52	0. 009 7
$X_1 \times X_3$	0. 079 4	0. 419 2	0. 37	0. 567 9
$X_2 \times X_3$	0. 000 1	0. 419 2	0. 00	0. 984 8
X_1^2	0. 088 2	0. 175 5	0. 41	0. 548 1
X_2^2	0. 078 1	0. 175 5	0. 37	0. 571 0
X_3^2	0. 114 3	0. 175 5	0. 54	0. 496 4

注：X_1 为 P 的参数指标，X_2 为 K 的参数指标，X_3 为 N 的参数指标，×为交互。

模型如下。

$$Y = 1.308\ 0X_1 + 0.471\ 3X_2 + 0.736\ 3X_3 - 0.069\ 5X_1X_2 - 0.119\ 5X_1X_3 + 0.089\ 6X_2X_3 - 0.125\ 9X_1^2 - 0.113\ 7X_2^2 - 0.128\ 7X_3^2$$

此模型的 F 值为 52.02，达到极显著水平（$P<0.01$），拟合值为 0.989 4，拟合度很高，对其进行模拟寻优，根据模型，求偏导得到联立方程组如下。

$$\frac{\partial y}{\partial x_1} = 1.308\ 0 - 0.251\ 8X_1 - 0.069\ 5X_2 - 0.119\ 5X_3 = 0$$

$$\frac{\partial y}{\partial x_2} = 0.471\ 3 - 0.069\ 5X_1 - 0.227\ 4X_2 + 0.089\ 6X_3 = 0$$

$$\frac{\partial y}{\partial x_3} = 0.736\ 3 - 0.119\ 5X_1 + 0.089\ 6X_2 - 0.257\ 4X_3 = 0$$

解之得到 $X_1=4.2$（P），$X_2=1.4$（K），$X_3=1.4$（N），同时得出施纯 P（占磷酸钙的 16%）为 51.95kg/hm²、K（占硫酸钾的 50%）为 45.68kg/hm²、N（占尿素的 46%）为 39.36kg/hm²。此时得出的 EE 含量最高，为 $Y=2.80\%$。

（二）EE 模拟寻优分析

中苜 2 号苜蓿施肥后，14 个处理得到的 EE 含量最高为 2.75%，选择对照处理 2.74% 作为依据，得出理论最优配比组合，得到编码值分别为 $X_1=2.7$、$X_2=2.5$、$X_3=2.6$，编码均值均落在编码区间范围内（95%）。

依据全信息模型，施肥后中苜 2 号苜蓿受 P、K、N 影响的模拟寻优分析结果如表 5-20 所示。在模拟寻优过程中，P、K、N 施肥量与 EE 含量设置相同，共得到 9 432 个结果，其中有 3 533 个组合方案大于 2.74%，占 37%，根据编码区间得到的实际区间可知，当 EE 含量为 3.14% 时，以 32.80~33.30kg/hm²（P）、81.24~82.54kg/hm²（K）和 72.4~73.39kg/hm²（N）的施用量比较适宜。

表 5-20 EE 模拟寻优分析

项目	P	K	N	Ca
编码均值	2.67	2.51	2.59	3.14
标准误	0.01	0.01	0.01	0.00
编码区间（95%）	2.65~2.69	2.49~2.53	2.57~2.61	3.14

（续表）

项目	P	K	N	Ca
实际区间（95%）	32.80~33.30	81.24~82.54	72.24~73.39	

八、RFV 全信息模型和模拟寻优分析

（一）RFV 全信息模型分析

施肥后中苜 2 号苜蓿 RFV 的全信息模拟分析结果如表 5-21 所示。从表中可以看到，除了 P（X_1）、K（X_2）的一次方项和交互作用项的偏回归系数通过显著性检验（$P<0.05$），其余的均未能通过显著性检验（$P>0.05$）。因此，需要对全信息模型进行分析，采用编码值与总产量建立回归模型。

表 5-21 RFV 全信息模型分析

参数指标	参数估计值	标准误	T 值	显著性
X_1	189 370.208 8	63.999 6	436.05	<0.000 1
X_2	6 135.327 3	63.999 6	14.13	0.013 2
X_3	2 142.300 0	63.999 6	4.93	0.077 0
$X_1 \times X_2$	6 692.647 5	18.939 9	15.41	0.011 1
$X_1 \times X_3$	387.602 7	18.939 9	0.89	0.388 2
$X_2 \times X_3$	25.234 8	18.939 9	0.06	0.819 1
X_1^2	136.155 1	7.929 5	0.31	0.599 7
X_2^2	24.543 1	7.929 5	0.06	0.821 5
X_3^2	2.076 4	7.929 5	0.00	0.947 6

注：X_1 为 P 的参数指标，X_2 为 K 的参数指标，X_3 为 N 的参数指标，×为交互。

模型如下。

$$Y = 50.189\ 2X_1 + 8.824\ 7X_2 + 36.663\ 8X_3 + 1.409\ 0X_1 X_2 - 11.289\ 2X_1 X_3 - 1.860\ 1X_2 X_3 - 4.561\ 0X_1^2 - 1.913\ 7X_2^2 - 0.548\ 3X_3^2$$

此模型的 F 值为 52.43，达到极显著水平（$P<0.01$），拟合率为 0.989 5，对其进行模拟寻优，根据模型求偏导得到联立方程组如下。

$$\frac{\partial y}{\partial x_1} = 50.1892 - 9.1220X_1 + 1.4090X_2 - 11.2892X_3 = 0$$

$$\frac{\partial y}{\partial x_2} = 8.8247 + 1.4090X_1 - 3.8274X_2 - 1.8601X_3 = 0$$

$$\frac{\partial y}{\partial x_3} = 36.6638 - 11.2892X_1 - 1.8601X_2 - 1.0966X_3 = 0$$

解之得到 $X_1 = 2.7$（P）, $X_2 = 2.1$（K）, $X_3 = 2.6$（N）, 同时得出施纯 P（占磷酸钙的 16%）为 33.43kg/hm², K（占硫酸钾的 50%）为 68.51kg/hm²、N（占尿素的 46%）为 73.10kg/hm²。此时得出的 RFV 最高的为 $Y = 127.7$。

（二）RFV 模拟寻优分析

中首 2 号苜蓿施肥后, 14 个处理得到的最高 RFV 为 132.42, 实际大于理论, 选择对照处理 117.70 作为依据, 高于此 RFV 的均为理论最优配比组合, 得到编码值分别为 $X_1 = 2.6$、$X_2 = 2.3$、$X_3 = 2.5$。

依据全信息模型, 施肥后中首 2 号苜蓿受 P、K、N 影响的模拟寻优分析结果如表 5-22 所示。在模拟寻优过程中, P、K、N 施肥量与 RFV 设置相同, 共得到 5 611 个结果, 其中有 2 133 个组合方案大于 117.70, 占 38%, 根据编码区间得到的实际区间可知, 当 RFV 范围为 123.96%~124.00% 时, 施肥量分别在 32.19~33.43kg/hm²（P）、75.04~78.32kg/hm²（K）和 70.30~73.11kg/hm²（N）。获得最佳施肥量为 P 33.43kg/hm²、K 78.32kg/hm²、N 73.11kg/hm²。

表 5-22 RFV 模拟寻优分析

项目	P	K	N	RFV
编码均值	2.63	2.33	2.51	123.98
标准误	0.02	0.02	0.02	0.10
编码区间（95%）	2.59~2.67	2.29~2.37	2.47~2.55	123.96~124.00
实际区间（95%）	32.19~33.43	75.04~78.32	70.30~73.11	

九、RFQ 全信息模型和模拟寻优分析

（一）RFQ 全信息模型分析

施肥后中苜 2 号苜蓿 RFQ 的全信息模拟分析结果如表 5-23 所示。从表中可以看到，除了 P（X_1）、K（X_2）的一次方项和交互作用项的偏回归系数通过了显著性检验（$P<0.05$），其余的均未能通过显著性检验（$P>0.05$）。因此，需要对全信息模型进行分析，采用编码值与总产量建立回归模型。

表 5-23　RFQ 全信息模型分析

参数指标	参数估计值	标准误	T 值	显著性
X_1	190 394.497 9	68.515 3	382.52	<0.000 1
X_2	6 909.662 7	68.515 3	13.88	0.013 6
X_3	2 169.995 4	68.515 3	4.36	0.091 1
$X_1 \times X_2$	6 500.025 2	20.276 3	13.06	0.015 3
$X_1 \times X_3$	212.083 7	20.276 3	0.43	0.542 7
$X_2 \times X_3$	0.106 5	20.276 3	0.00	0.988 9
X_1^2	182.460 5	8.489 0	0.37	0.571 3
X_2^2	52.884 2	8.489 0	0.11	0.757 7
X_3^2	92.168 8	8.489 0	0.19	0.684 9

注：X_1 为 P 的参数指标，X_2 为 K 的参数指标，X_3 为 N 的参数指标，×为交互。

模型如下。

$$Y = 58.622\ 9X_1 + 11.547\ 4X_2 + 30.323\ 8X_3 - 2.676\ 2X_1X_2 - 8.538\ 9X_1X_3 + 3.952\ 0X_2X_3 - 5.487\ 6X_1^2 - 2.974\ 8X_2^2 - 3.653\ 0X_3^2$$

此模型的 F 值为 46.1，达到极显著水平（$P<0.01$），拟合率为 0.988 0，拟合度很高，对其进行模拟寻优，根据模型求偏导得到联立方程组如下。

$$\frac{\partial y}{\partial x_1} = 58.622\ 9 - 10.975\ 2X_1 - 2.676\ 2X_2 - 8.538\ 9X_3 = 0$$

$$\frac{\partial y}{\partial x_2} = 11.547\ 4 - 2.676\ 2X_1 - 5.949\ 6X_2 + 3.952\ 0X_3 = 0$$

$$\frac{\partial y}{\partial x_3} = 30.3238 - 8.5389X_1 + 3.9520X_2 - 7.3060X_3 = 0$$

解之得到 $X_1=2.3$（P）, $X_2=2.9$（K）, $X_3=3$（N）, 同时得出施纯 P（占过磷酸钙的 16%）为 28.46kg/hm^2、K（占硫酸钾的 50%）为 94.65kg/hm^2、N（占尿素的 46%）为 84.36kg/hm^2。此时得出的 RFQ 最高的为 $Y=129.98$。

（二）RFQ 模拟寻优分析

中首 2 号苜蓿施肥后, 14 个处理得到的最高 RFQ 为 131.22, 实际大于理论, 选择对照处理 122.28 作为依据, 因此高于此 RFQ 的均为理论最优配比组合, 得到编码值分别为 $X_1=2.7$、$X_2=2.5$、$X_3=2.5$。

依据全信息模型, 施肥后中首 2 号苜蓿受 P、K、N 影响的模拟寻优分析结果如表 5-24 所示。在模拟寻优过程中, P、K、N 施肥量与 RFQ 设置相同, 共得到 5319 个结果, 其中有 2000 个组合方案大于 122.28, 占 38%, 根据编码区间得到的实际区间可知, 当 RFQ 范围为 127.97~128.13 时, 施肥量分别在 32.44~33.43kg/hm^2（P）、80.90~83.52kg/hm^2（K）和 69.17~71.42kg/hm^2（N）。获得最佳施肥量为 P 33.43kg/hm^2、K 83.52kg/hm^2、N 71.42kg/hm^2。

表 5-24　RFQ 模拟寻优分析

项目	P	K	N	RFQ
编码均值	2.66	2.52	2.50	127.97
标准误	0.02	0.02	0.02	0.08
编码区间（95%）	2.62~2.70	2.48~2.56	2.46~2.54	127.97~128.13
实际区间（95%）	32.44~33.43	80.90~83.52	69.17~71.42	

第六章 P、K、N 施用量与中苜 2 号营养品质的关系

第一节 不同 P 水平处理与养分的对应分析

一、不同 P 水平处理特征向量分析

由表 6-1 可知，不同 P 水平特征向量的分析中，处理 $P_3K_2N_2$ 在第一公因子上所承载信息量较少，处理 $P_1K_2N_2$ 在第一公因子上承载的信息量较多，处理 $P_2K_2N_2$ 在第二公因子上承载的信息量较大。由此可以得出，4 个处理在第一公因子上所承载信息量均大于第二公因子上的信息量。因此，第一公因子的变化趋势可反映不同 P 水平施肥处理所承载的养分含量变化情况。

贡献率之和表示不同 P 水平处理在 2 个公因子上的分析结果，2 个公因子所代表的处理信息相等，贡献率之和都是 1，其承载信息在 100%。和占百分比为 $P_2K_2N_2 > P_0K_2N_2 > P_3K_2N_2 > P_1K_2N_2$，这说明所测定的不同 P 水平处理总体上变化规律为 $P_2K_2N_2 > P_0K_2N_2 > P_3K_2N_2 > P_1K_2N$。变量占特征值比表示不同 P 水平处理对总特征向量贡献百分比，贡献率大小依次为 $P_1K_2N_2 > P_2K_2N_2 > P_0K_2N_2 > P_3K_2N_2$。

表 6-1 不同 P 水平处理特征向量分析

不同 P 水平处理	特征向量		变量占比统计		
	第一坐标	第二坐标	贡献率之和	和占百分比	变量占特征值比
$P_0K_2N_2$	-0.014 2	0.004 7	1	0.253 1	0.188 1

（续表）

不同 P 水平处理	特征向量		变量占比统计		
	第一坐标	第二坐标	贡献率之和	和占百分比	变量占特征值比
$P_1K_2N_2$	0.025 2	-0.002 0	1	0.241 5	0.511 0
$P_2K_2N_2$	-0.016 3	-0.005 8	1	0.257 1	0.254 2
$P_3K_2N_2$	0.006 9	0.003 1	1	0.248 4	0.046 7

二、不同 P 水平处理的欧氏距离分析

$P_0K_2N_2$ 和 $P_1K_2N_2$ 之间的欧氏距离为 0.040 0，其他处理间的欧氏距离如表 6-2 所示。由表中数据可知，处理 $P_0K_2N_2$ 和处理 $P_2K_2N_2$ 之间的距离最近，处理 $P_1K_2N_2$ 与处理 $P_2K_2N_2$ 之间距离最远，这表明处理 $P_0K_2N_2$ 和处理 $P_2K_2N_2$ 的养分含量比较接近，处理 $P_0K_2N_2$ 和处理 $P_1K_2N_2$ 之间的养分含量差别最大。

表 6-2　不同 P 水平处理的欧氏距离分析

不同 P 水平处理	$P_1K_2N_2$	$P_2K_2N_2$	$P_3K_2N_2$
$P_0K_2N_2$	0.040 0	0.010 7	0.021 1
$P_1K_2N_2$		0.041 7	0.019 1
$P_2K_2N_2$			0.024 8

三、不同 P 水平处理的贡献率及信息量分析

不同 P 水平处理的贡献率及信息量分析如表 6-3 所示，处理 $P_1K_2N_2$ 和 $P_2K_2N_2$ 在第一公因子上的贡献率较大，处理 $P_3K_2N_2$ 在第一公因子上的贡献率最小，但在第二公因子上的贡献率较大。

变量在双公因子上的贡献率显示，$P_0K_2N_2$、$P_1K_2N_2$、$P_2K_2N_2$、$P_3K_2N_2$ 在第一公因子上的贡献率相对第二公因子占有绝对优势；在信息量和总信息量中可以看到，处理 $P_0K_2N_2$、$P_2K_2N_2$ 和 $P_3K_2N_2$ 的坐标对特征值贡献率较多，而贡献率较少的是处理 $P_1K_2N_2$。

表 6-3 不同 P 水平处理的贡献率及信息量分析

不同 P 水平处理	公因子上变量的贡献率		变量在公因子上的贡献率		信息量		总信息量
	第一坐标	第二坐标	第一坐标	第二坐标	第一坐标	第二坐标	
$P_0K_2N_2$	0.179 8	0.320 8	0.900 3	0.099 7	2	2	2
$P_1K_2N_2$	0.539 2	0.057 3	0.993 4	0.006 6	1	0	1
$P_2K_2N_2$	0.240 0	0.483 6	0.888 8	0.111 3	2	2	2
$P_3K_2N_2$	0.041 0	0.138 4	0.826 8	0.173 2	0	0	2

四、不同养分含量的特征向量分析

不同养分含量的特征向量分析结果如表 6-4 所示。除 RFV 外，其他 2 个养分指标在第一公因子所承载信息量均较多。RFQ 在第二公因子上所承载的信息量较少，CP 在第二公因子上所承载的信息量较多。贡献率之和表示各养分指标信息在公因子上的分析结果，由表 6-4 可以看到，2 个公因子所代表的处理信息量相等，贡献率之和都是 1，其承载信息在 100%。和占百分比为 RFQ>RFV>CP。变量占特征值比表示不同养分含量对总特征值贡献率百分比，本试验的贡献率为 CP>RFQ>RFV。

表 6-4 不同养分含量的特征向量分析

营养指标	特征向量		变量占比统计		
	第一坐标	第二坐标	贡献率之和	和占百分比	变量占特征值比
CP	0.050 8	0.008 8	1	0.069 1	0.607 3
RFV	0.006 2	−0.004 2	1	0.465 0	0.087 6
RFQ	−0.013 8	0.002 9	1	0.465 9	0.305 1

五、不同养分含量欧氏距离分析

CP 和 RFV 之间的欧氏距离为 0.046 4，RFV 和 RFQ 之间的欧氏距离为 0.021 2，CP 和 RFQ 的欧氏距离为 0.064 8。由距离远近可知，RFV 和 RFQ 之间的距离最近，CP 和 RFQ 之间的距离较远（表 6-5）。

表 6-5　不同养分含量的欧氏距离分析

营养指标	RFV	RFQ
CP	0.046 4	0.064 8
RFV		0.021 2

六、不同养分的贡献率及信息量分析

不同养分的贡献率及信息量分析如表 6-6 所示，CP 在第一公因子上的贡献率较大，在第二公因子上的贡献率较小。变量在双公因子上的贡献率显示，不同养分指标信息需要综合第一公因子和第二公因子才能反映完全。在信息量和总信息量中可以得知，RFV 的坐标对特征值贡献较多，CP 和 RFQ 的坐标对特征值贡献较少。

表 6-6　不同养分的贡献率及信息量分析

不同营养指标	公因子上变量的贡献率		变量在公因子上的贡献率		信息量		总信息量
	第一坐标	第二坐标	第一坐标	第二坐标	第一坐标	第二坐标	
CP	0.626 1	0.304 8	0.970 6	0.029 4	1	1	1
RFV	0.063 8	0.471 3	0.685 3	0.314 7	0	2	2
RFQ	0.310 2	0.223 9	0.957 1	0.042 9	1	1	1

七、不同 P 水平处理与不同养分的对应分析

图 6-1 反映的是不同 P 水平处理与不同养分含量的对应分析结果。从中可以看出，各施肥处理坐标都分布在横坐标轴较近的两侧，由第一坐标和第二坐标划分成 3 个区域。处理 $P_3K_2N_2$ 与 CP 为 1 个区域；处理 $P_2K_2N_2$ 和 $P_0K_2N_2$ 与 RFQ 为 1 个区域；处理 $P_1K_2N_2$ 与 RFV 为 1 个区域。结果表明，处理 $P_3K_2N_2$ 时 CP 含量为较高；处理 $P_2K_2N_2$ 和 $P_0K_2N_2$ 时 RFQ 最高；处理 $P_1K_2N_2$ 时 RFV 最小。

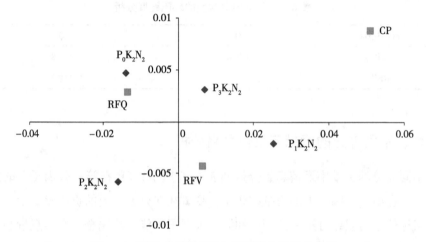

图 6-1　不同 P 水平处理与不同养分的对应分析

第二节　不同 K 水平处理与养分的对应分析

一、不同 K 水平处理的特征向量分析

在特征向量分析中，处理 $P_2K_2N_2$ 在第一公因子上所承载信息量较少，处理 $P_2K_0N_2$ 在第一公因子上承载的信息量较多，处理 $P_2K_2N_2$ 在第二公因子上承载的信息量较少。由此可以看到，4 个处理在第一公因子所承载信息量均大于第二公因子信息量。因此，第一公因子的变化趋势可反映不同 K 水平施肥处理所承载的养分含量变化趋势。

贡献率之和表示不同 K 水平处理在 2 个公因子上的反映情况。2 个公因子所代表的处理信息量相等，贡献率之和都是 1，其承载信息量在 100%。和占百分比为 $P_2K_3N_2 > P_2K_2N_2 > P_2K_0N_2 > P_2K_1N_2$，这说明所测定的不同 K 水平处理总体上变化规律为 $P_2K_3N_2 > P_2K_2N_2 > P_2K_0N_2 > P_2K_1N_2$。变量占特征值比表示不同 K 水平施肥处理对总特征向量的贡献百分比，贡献率大小依次为 $P_2K_0N_2 > P_2K_3N_2 > P_2K_1N_2 > P_2K_2N_2$（表 6-7）。

表 6-7　不同 K 水平特征向量分析

不同 P 水平处理	特征向量		变量占比统计		
	第一坐标	第二坐标	贡献率之和	和占百分比	变量占特征值比
$P_2K_0N_2$	0.030 8	0.003 2	1	0.251 5	0.615 6
$P_2K_1N_2$	−0.014 2	0.001 3	1	0.237 3	0.124 0
$P_2K_2N_2$	0.000 6	−0.008 6	1	0.252 7	0.048 0
$P_2K_3N_2$	−0.017 4	0.004 2	1	0.258 5	0.212 4

二、不同 K 水平处理的欧氏距离分析

处理 $P_2K_1N_2$ 和处理 $P_2K_3N_2$ 之间的欧氏距离为 0.004 3，养分含量最近；欧氏距离最远的是处理 $P_2K_0N_2$ 和处理 $P_2K_3N_2$ 之间的养分含量，距离为 0.048 3（表 6-8）。

表 6-8　不同 K 水平处理的欧氏距离分析

不同 P 水平处理	$P_2K_1N_2$	$P_2K_2N_2$	$P_2K_3N_2$
$P_2K_0N_2$	0.045 1	0.032 4	0.048 3
$P_2K_1N_2$		0.017 8	0.004 3
$P_2K_2N_2$			0.022 1

三、不同 K 水平处理的贡献率及信息量分析

不同 K 水平处理的贡献率及信息量分析如表 6-9 所示，处理 $P_2K_0N_2$ 在第一公因子上的贡献率较大，在第二公因子上的贡献率较小；处理 $P_2K_2N_2$ 在第一公因子上的贡献率最小，但在第二公因子上的贡献率较大。变量在双公因子上的贡献率显示，4 个处理在第一公因子上的贡献率相对第二公因子占有绝对优势。在信息量和总信息量中可以得知，处理 $P_2K_0N_2$、$P_2K_1N_2$ 和 $P_2K_3N_2$ 的坐标对特征值贡献率较少，而贡献率较大的是处理 $P_2K_2N_2$。

表 6-9　不同 K 水平处理的贡献率及信息量分析

不同 P 水平处理	公因子上变量的贡献率		变量在公因子上的贡献率		信息量		总信息量
	第一坐标	第二坐标	第一坐标	第二坐标	第一坐标	第二坐标	
$P_2K_0N_2$	0.652 8	0.095 5	0.989 6	0.010 4	1	0	1
$P_2K_1N_2$	0.131 8	0.014 4	0.992 3	0.007 8	0	0	1
$P_2K_2N_2$	0.000 2	0.716 2	0.004 4	0.995 7	0	2	2
$P_2K_3N_2$	0.215 1	0.173 9	0.945 3	0.054 7	1	1	1

四、不同养分含量的特征向量分析

各养分含量的特征向量分析结果如表 6-10 所示。CP 在第一公因子承载的信息量为 0，在第二公因子承载的信息量较多；RFV 和 RFQ 在第二公因子上承载的信息量相等。

贡献率之和表示各养分指标信息在公因子上的分析结果。2 个公因子所代表的处理信息量相等，贡献率之和都是 1，其承载信息在 100%。和占百分比为 RFQ>RFV>CP。变量占特征值比表示不同养分含量对总特征值的贡献率百分比，本试验的贡献率为 RFV>RFQ>CP。

表 6-10　不同养分含量的特征向量分析

不同营养指标	特征向量		变量占比统计		
	第一坐标	第二坐标	贡献率之和	和占百分比	变量占特征值比
CP	0.000 0	0.019 1	1	0.067 0	0.062 3
RFV	0.019 9	−0.001 4	1	0.463 5	0.471 7
RFQ	−0.019 7	−0.001 4	1	0.469 5	0.466 0

五、不同养分含量的欧氏距离分析

CP 和 RFV 之间的欧氏距离为 0.028 5，CP 和 RFQ 之间的欧氏距离为 0.028 4，RFV 和 RFQ 之间的欧氏距离为 0.039 6。因此，CP 和 RFQ 之间的距离最近，RFV 和 RFQ 之间的距离较远（表 6-11）。

表 6-11 不同养分含量的欧氏距离分析

营养指标	RFV	RFQ
CP	0.028 5	0.028 4
RFV		0.039 6

六、不同养分的贡献率及信息量分析

不同养分的贡献率及信息分析如表 6-12 所示。CP 在第一公因子上的贡献率为 0，在第二公因子上的贡献率较大。同时，变量在双公因子上的贡献率显示，不同养分指标信息需要综合第一公因子和第二公因子才能反映完全。在信息量和总信息量中可以得知，CP 的坐标对特征值贡献率较多，而贡献率较少的是 RFV 和 RFQ。

表 6-12 不同养分的贡献率及信息量分析

不同营养指标	公因子上变量的贡献率		变量在公因子上的贡献率		信息量		总信息量
	第一坐标	第二坐标	第一坐标	第二坐标	第一坐标	第二坐标	
CP	0.000 0	0.933 0	0.000 0	1.000 0	0	2	2
RFV	0.503 1	0.033 4	0.995 3	0.004 7	1	0	1
RFQ	0.496 9	0.033 7	0.995 2	0.004 8	1	0	1

七、不同 K 水平处理与不同养分的对应分析

图 6-2 反映的是不同 K 水平处理与不同养分含量的对应分析结果。可以看出，不同处理坐标都分布在横坐标轴较近的两侧，由第一坐标和第二坐标的远近关系划分成 3 个区域，处理 $P_2K_0N_2$ 与 CP 为 1 个区域；处理 $P_2K_1N_2$ 和处理 $P_2K_3N_2$ 与 RFQ 为 1 个区域；处理 $P_2K_2N_2$ 与 RFV 为 1 个区域。根据不同 K 水平处理和不同养分含量的象限分布特点及数据特征可知，处理 $P_2K_0N_2$ 时 CP 含量较高；处理 $P_2K_0N_2$ 时的 RFV 最高；处理 $P_2K_1N_2$ 时的 RFQ 最小，而处理 $P_2K_3N_2$ 时的 RFQ 最大。

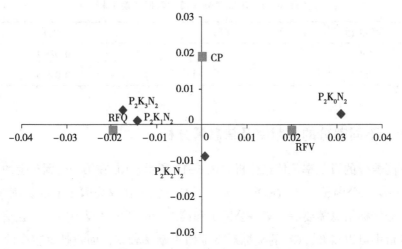

图6-2　不同 K 水平处理与不同养分的对应分析

第三节　不同 N 水平处理与养分的对应分析

一、不同 N 水平处理的特征向量分析

处理 $P_2K_2N_0$ 在第一公因子上所承载信息量较多，在第二公因子上承载的信息量较少；处理 $P_2K_2N_2$ 在第二公因子上承载的信息量较多，处理 $P_2K_2N_0$ 承载的信息量较少。

贡献率之和表示不同 N 水平处理在 2 个公因子上的反映情况。2 个公因子所代表的处理信息量相等，贡献率之和都是 1，其承载信息在 100%。和占百分比为 $P_2K_2N_0 > P_2K_2N_3 > P_2K_2N_2 > P_2K_2N_1$，这说明所测定的不同 N 水平处理总体上变化规律为 $P_2K_2N_0 > P_2K_2N_3 > P_2K_2N_2 > P_2K_2N_1$。变量占特征值比表示不同 N 水平施肥处理对总特征向量的贡献百分比，贡献率大小依次为 $P_2K_2N_0 > P_2K_2N_2 > P_2K_2N_1 > P_2K_2N_3$（表6-13）。

表 6-13 不同 N 水平特征向量分析

不同 N 水平处理	特征向量		变量占比统计		
	第一坐标	第二坐标	贡献率之和	和占百分比	变量占特征值比
$P_2K_2N_0$	−0.021 4	−0.000 8	1	0.256 9	0.602 8
$P_2K_2N_1$	0.007 1	0.005 0	1	0.238 8	0.092 8
$P_2K_2N_2$	0.009 0	−0.009 4	1	0.250 4	0.218 4
$P_2K_2N_3$	0.006 1	0.005 4	1	0.253 9	0.086 0

二、不同 N 水平处理的欧氏距离分析

$P_2K_2N_0$ 和 $P_2K_2N_1$ 之间的欧氏距离为 0.029 1，其他处理间的欧氏距离列于表 6-14。由表中数据可知，处理 $P_2K_2N_1$ 和处理 $P_2K_2N_3$ 之间的距离最近，距离最远的是处理 $P_2K_2N_0$ 和处理 $P_2K_2N_2$ 之间，这表明处理 $P_2K_2N_1$ 和处理 $P_2K_2N_3$ 的养分含量较近，处理 $P_2K_2N_0$ 和处理 $P_2K_2N_2$ 的养分含量较远。

表 6-14 不同 N 水平处理的欧氏距离分析

不同 N 水平处理	$P_2K_2N_1$	$P_2K_2N_2$	$P_2K_2N_3$
$P_2K_2N_0$	0.029 1	0.031 6	0.028 1
$P_2K_2N_1$		0.014 6	0.001 1
$P_2K_2N_2$			0.015 1

三、不同 N 水平处理的贡献率及信息量分析

不同 N 水平处理的贡献率及信息量分析如表 6-15 所示，处理 $P_2K_2N_0$ 在第一公因子上的贡献率较大，在第二公因子上的贡献率较小；处理 $P_2K_2N_2$ 在第一公因子上的贡献率最小，但在第二公因子上的贡献率较大。

变量在双公因子上的贡献率显示，4 个处理在第一公因子上的贡献率相对第二公因子占有绝对优势；在信息量和总信息量中可得知，处理 $P_2K_2N_0$、$P_2K_2N_1$ 和 $P_2K_2N_3$ 的坐标对特征值贡献率较少，而贡献率较大的是处理 $P_2K_2N_2$。

表 6-15　不同 N 水平处理的贡献率及信息量分析

不同 N 水平处理	公因子上变量的贡献率		变量在公因子上的贡献率		信息量		总信息量
	第一坐标	第二坐标	第一坐标	第二坐标	第一坐标	第二坐标	
$P_2K_2N_0$	0.738 0	0.004 6	0.998 6	0.001 4	1	0	1
$P_2K_2N_1$	0.075 9	0.167 6	0.667 1	0.332 9	0	0	2
$P_2K_2N_2$	0.127 3	0.621 5	0.475 5	0.524 5	2	2	2
$P_2K_2N_3$	0.058 9	0.206 3	0.558 2	0.441 8	0	2	2

四、不同养分含量的特征向量分析

各养分含量的特征向量分析结果如表 6-16 所示。RFQ 在第一公因子承载的信息量较少，在第二公因子承载的信息量较多；CP 在 2 个公因子上承载的信息量都比较多。贡献率之和表示各养分指标信息在公因子上的分析结果。2 个公因子所代表的处理信息量相等，贡献率之和都是 1，其承载信息在 100%。和占百分比为 RFV>RFQ>CP。变量占特征值比表示各利用强度对总特征值贡献率百分比，本试验的贡献率为 RFV>RFQ>CP。

表 6-16　不同养分含量的特征向量分析

营养指标	特征向量		变量占比统计		
	第一坐标	第二坐标	贡献率之和	和占百分比	变量占特征值比
CP	0.016 7	0.021 0	1	0.066 3	0.245 3
RFV	−0.013 3	0.000 7	1	0.469 8	0.428 7
RFQ	0.011 1	−0.003 7	1	0.463 9	0.326 0

五、不同养分含量的欧氏距离分析

CP 和 RFV 之间的欧氏距离为 0.036 3，RFV 和 RFQ 之间的欧氏距离为 0.024 8，CP 和 RFQ 的欧氏距离为 0.025 4。由距离远近可知，RFV 和 RFQ 之间的距离最近，CP 和 RFQ 之间的距离较远，说明 RFV 与 CP 之间养分含量相差较大，与 RFQ 之间相差较小（表 6-17）。

表 6-17　不同养分含量的欧氏距离分析

营养指标	RFV	RFQ
CP	0.036 3	0.025 4
RFV		0.024 8

六、不同养分的贡献率及信息量分析

不同养分的贡献率及信息分析结果列于表 6-18。CP 在第一公因子上的贡献率较小，在第二公因子上的贡献率较大。RFV 在第一公因子上的贡献率较大，在第二公因子上的贡献率小。变量在双公因子上的贡献率显示，不同养分指标信息需要综合第一公因子和第二公因子才能反映完全。在信息量和总信息量中得知，CP 的坐标对特征值贡献率较多，而贡献率较少的是 RFV 和 RFQ。

表 6-18　不同养分的贡献率及信息量分析

不同营养指标	公因子上变量的贡献率		变量在公因子上的贡献率		信息量		总信息量
	第一坐标	第二坐标	第一坐标	第二坐标	第一坐标	第二坐标	
CP	0.116 0	0.817 6	0.385 8	0.614 1	0	2	2
RFV	0.524 1	0.006 0	0.997 4	0.002 5	1	0	1
RFQ	0.359 8	0.176 2	0.900 3	0.099 6	1	0	1

七、不同 N 水平处理与不同养分的对应分析

图 6-3 反映的是不同 N 水平处理与不同养分含量的对应分析结果。从中可以看出，各施肥处理坐标都分布在横坐标轴较近的两侧，由第一坐标和第二坐标的远近关系划分成 3 个区域，处理 $P_2K_2N_0$ 与 RFV 为一个区域；处理 $P_2K_2N_1$ 和 $P_2K_2N_3$ 与 CP 为一个区域；处理 $P_2K_2N_2$ 与 RFQ 为一个区域。根据不同 P 水平的处理和不同养分含量的象限分布特点及数据特征可知，处理 $P_2K_2N_0$ 时 RFV 含量较高；处理 $P_2K_2N_1$ 时的 CP 含量低，而处理 $P_2K_2N_3$ 时的 CP 含量最高；处理 $P_2K_2N_2$ 时的 RFQ 较高。

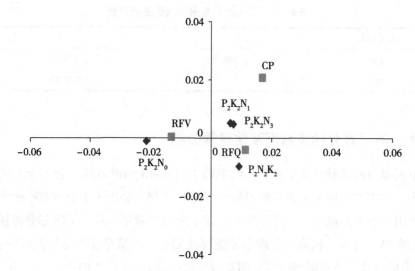

图 6-3　不同 N 水平处理与不同养分的对应分析

第七章 讨论和结论

第一节 讨 论

一、不同苜蓿品种农艺性状筛选

（一）不同苜蓿品种饲草产量分析

为了获得高产优质的苜蓿干草，在苜蓿生产过程中应当正确选择苜蓿品种，制定合理的栽培措施，选择优良的土壤以及适宜的气候因子。为此，本试验通过研究国内外 12 个苜蓿品种在 2011 年、2012 年、2013 年 3 年的农艺性状及营养特性等指标，筛选适宜土默特平原的高产苜蓿品种。其中，苜蓿品种的选择是决定苜蓿生产性能的重要因素。

本试验结果显示，国外苜蓿品种生长表现力普遍较差，干草产量及营养品质显著低于本地品种。这与杨培志（2003）、王成章等（2002）的研究结果不一致，其主要原因是杨培志（2003）在杨凌地区开展苜蓿种植，该地区为暖温带半湿润易干旱气候；王成章等（2002）主要在郑州市进行苜蓿种植，该地区为暖温带湿润地区，均得到国外苜蓿品种比国内苜蓿品种产量高的结果。本试验地点位于土默特地区中南部，该地区降水量、蒸发量、土壤性质以及栽培管理模式同其他试验地不同。因此，苜蓿的生产性能有所不同。许多研究还指出，同一茬次不同品种苜蓿干草产量之间呈现显著差异。王成章等（2002）在对全年苜蓿干草产量进行深入研究后发现，在 1 年刈割 3 茬苜蓿后，各茬苜蓿干草产量大小为：第一茬苜蓿干草产量>第二茬苜蓿干草产量>第三茬苜蓿干草产量。干草产量的排列主要由苜蓿本身性能决定的，本试验中苜2号、草原3号、惊喜等供试材料符合这一规律。全年苜蓿干草总产量的多少主要体现在第一茬苜蓿干草上，第二茬和第三茬苜蓿干草产量依次递减。第一茬和第二茬苜蓿干草产量占全年苜蓿干草产量的70%以上，本研究结果与王赞等（2008）的研究结果一致。第一茬苜蓿的生长往往受倒春寒的影响，产量存在小幅降低，但第一茬苜蓿对全年苜蓿干草总产量的贡献仍为最大，第二、第三茬苜蓿相对于第一茬苜蓿，对全年苜蓿干草总产量的贡献则较低，为了提高全年苜蓿干草产量，对第一茬苜蓿的管理就显得尤为重要。因此，第一茬苜蓿的田间管理是增加全年苜蓿干草总产量的关键；第二、第三茬苜蓿生长期处于夏季多雨季节，土壤养分有效供给对苜蓿植株生长影响较大，在此期间需要加强苜蓿田间管理力度，苜蓿才能具有较大的增产潜力。

苜蓿干草产量高峰值一般出现在种植第三年至第五年。本试验从年际产量可以看出，各品种3年产量均持续增加。2011年苜蓿干草产量与2012年、2013年苜蓿干草产量之间存在着显著差异性，多年生苜蓿普遍呈现产量递增的变化规律。但本研究也显示，大部分苜蓿品种在2012年、2013年时的干草产量已经趋于稳定。这与牛小平等（2006）研究的22个紫花苜蓿品种生产性能比较研究的结果一致。

（二）不同苜蓿品种营养品质分析

苜蓿品种是影响其营养品质的主要影响因素之一。苜蓿株高、干草产量、茎叶比、营养品质以及叶片的形态随选择品种的不同呈现显著差异，这是形态学的表现。CP含量、NDF含量和ADF含量是苜蓿干草营养价值的主要体现。CP含量、半纤维素含量越高，苜蓿干草的营养价值就越高，反之亦然。本试验结果显示，不同苜蓿品种的CP含量呈显著差异，初花期CP含量均大于20%，其中有研究指出，CP含量在初花期达22%，属于优质蛋白质牧草。不同苜蓿品种的NDF含量和ADF含量也呈现显著差异，但品种之间规律性不明显。从营养价值来看，CP是家畜必不可少的营养物质；而NDF含量与家畜DMI呈负相关，也就是说家畜采食率越低，苜蓿干草中NDF含量越高；家畜的消化率与苜蓿干草中ADF含量呈负相关，ADF越高，饲草营养越不容易被家畜消化。

刘卓等（2009）在吉林地区引种苜蓿的适宜性研究中发现，从欧洲引进的 8 个品种中，蒂坦返青早，凯恩单茬草产量高，且这 2 种苜蓿均具有较高的产量和营养价值，适宜在东北地区种植推广。杜书增等（2013）在陕西省旬邑县选取了 3 个紫花苜蓿品种，并对其刈割茬次对产量及营养价值的影响进行研究。结果表明，新牧 2 号苜蓿再生快、早熟、耐旱耐寒能力强，干草产量和营养价值较优，适宜在黄土高原大面积种植。由于环境条件、气候条件以及土壤条件的不同，在当地种植苜蓿品种之前，一定要做引种试验，比较分析后才能做出结论是否可以引进该品种苜蓿。中苜 2 号苜蓿在供试的 12 个品种中，产量和营养品质表现最高，这与其本身的生物学特性密不可分。原因是中苜 2 号苜蓿具有较好的抗性，尤其是在耐盐碱、耐寒抗旱方面优于相关供试材料，使得其在同等试验条件下表现出高产的生物学特性。试验地土壤为栗钙壤土，pH 值 8.3，恰好处于其最优抗性容忍范围，同时在干旱少雨的自然环境下，使得中苜 2 号表现出相对高产的性能，这可能是中苜 2 号产量表现优于其他品种的生理机制。因此，本试验采用中苜 2 号苜蓿进行后续的试验研究。

二、种植密度对中苜 2 号农艺性状和品质的影响

合理的种植密度是提高苜蓿干草产量的前提，而行距是调控种植密度的一种重要手段。种植密度小的植株在后期体现为植株高度高、倒伏少、开花时间早、授粉效果好、生物量高。本试验结果中，中苜 2 号生长速度在 4 月初至 5 月中旬为返青期至分枝期，生长缓慢，此期为芽及根旺盛生长期，分枝期后生长速度加快，进入营养期，6 月上中旬苜蓿生长进入盛花期，此时为生殖生长期，营养生长变慢。7 月初进入后期，营养生长基本停止，茎叶储藏的营养供应种子发育。这种情况与王钊的种植密度对草原 3 号杂花苜蓿生长发育的影响中的返青至分枝期，不同行距间植株株高之间的差异不显著，现蕾至成熟期，不同行距对株高影响显著的结果一致。在一定程度上，株高随种植密度的增加而增加。因为在大田种植情况下，多数细胞是在夜间增大，当温度条件和土壤中水分状况对植株产生较大的水分压强时植物体内水分匮缺，细胞壁增厚及随后的节间伸长两者的速率都会减弱，其结果造成茎枝高度的降低。

植株的地上产量除了受降水、土质和热量等环境因子的影响以外，还与植株的生长发育期、生长年限、空间大小紧密相关。干草产量和品质在不同种植密度下因地理环境不同而存在差异。研究表明，株高是苜蓿生长情况、干草产量的重要体现，也是反映苜蓿经济价值的一项重要指标。株高通常和生物量呈正相关，它可以决定干草产量的65%左右。岳民勤等（2009）在进行红三叶栽培试验时证明，行距为20cm时具有最大牧草产量。本试验结果表明，在播种量相同的情况下，随行距的增加，产量先增加后下降，株高随行距的增加而下降，行距25cm时获最大产量为10 146.39kg/hm²，与张鹤山等（2014）利用较高栽培密度增加红三叶植株高度、产量试验的结果不一致。其主要的原因是不同的品种对种植密度有不同的要求，虽然中苜2号与红三叶均为豆科牧草，但是其获取水分、土壤养分和光照的能力不同。豆科牧草具有较大的自动调节能力，个体之间在不断地竞争、协调下生长，最终在动态中达到一个平衡。在一定条件下，植株行距较大时，空间充裕，分枝数增加，茎秆高而壮，但是当行距过大超过了植物的自动调节能力时，就会使空间、光热或营养造成浪费。因此，在实际生产时，应根据不同植物、不同环境，确定适宜的种植密度，保证植株正常的生长和发育，以获得较高的地上生物量。

石永红等（2010）在行距对紫花苜蓿与无芒雀麦混播草地产量及其组分变化的影响研究中表明，苜蓿与无芒雀麦同行混播行距30cm的营养价值最高。本试验结果表明不同行距对中苜2号营养价值的影响显著，行距25cm的营养价值最高，石永红等（2010）的研究与本试验结果不一致，原因是其试验以紫花苜蓿与无芒雀麦混播为主，豆科与禾本科牧草混播在出苗率、牧草产量、抗逆性、营养品质以及草地的稳定性等方面均具有明显的优势。

三、施肥对中苜2号产量及品质的影响

（一）施肥对中苜2号产量的影响

株高是反映苜蓿干草产量的重要指标。施加N、P、K对苜蓿产量影响主要体现在植株高度上，植株高度直接影响到苜蓿干草产量。

P肥的施加对苜蓿植株高度有明显促进作用，施加P肥后，可以明显提高茎节数，且随施P量的增加茎节数呈现上升趋势。苜蓿植株的生长速度在整个生育

期呈现"慢—快—慢"的动态变化趋势，P 的施加明显加快了植株的生长速度。本试验结果表明，P 在 3 水平（$P_3K_2N_2$）时株高最高 70.36cm，植株高度随 P 的增加而上升，中等水平 K、N 和高水平的 P 配施对苜蓿的再生促进效果明显，主要由于 P 能够提高苜蓿根瘤菌数量，进而提高固 N 水平，通过影响 N 的代谢提高苜蓿生长速率。因此，过量的 P 肥可以促进苜蓿的生长发育，进而增加苜蓿植株高度和生长速率。陈强（2007）的试验中显示，施 P 肥对苜蓿的生长有促进作用，植株高度随 P 肥的增加呈上升趋势，加快了苜蓿的生长速度，本试验的结果与陈强试验的结果相同。张磊等（2014）的研究表明，在苜蓿的生物性状方面，N 肥表现为负效应，P 肥表现为正效应。

苜蓿生长发育过程中，对 N、P、K 肥的摄取必不可少，N、P、K 的施加对于提高苜蓿干草产量效果显著。在本试验中，各处理组与对照组苜蓿干草产量之间存在显著差异，说明肥料的施加对所有供试品种具有很大的促进作用，施肥对于提高苜蓿干草产量效果显著。托尔坤·买买提等（2009）的研究表明，增加 P、K 的施加量，苜蓿株高及干草产量呈上升趋势，P、K 配比作用明显，不同梯度的 P、K、N 量可以显著增加苜蓿的干草量。合理施肥不但可以提高苜蓿的生长性能，还可以有效增加苜蓿株丛数、分枝数、植株高度、总体枝条重量。

苜蓿属于喜 P 作物，但苜蓿体内 N 和 K 的含量要远远高于 P 的含量。在我国大部分地区，P 是苜蓿生长过程中的主要限制因素，苜蓿植株体内 P 的临界保有量为 2.6~3.2g/kg。有研究结果显示，对低、中 P 地区的苜蓿施加 P 肥，苜蓿产量显著增加；对高 P 地区只有一次性施入大量 P 肥才能保证 P 的吸收和积累，其他量的 P 肥没有任何反应。Jokela 等（1999）认为，中等 P 水平下，施 P 肥不能增加苜蓿干草产量。也有研究表明，施 P 能有效地提高苜蓿干草产量。在施用 P 肥后，苜蓿能吸收利用的 P 仅为 10%~20%，当 N、K 的效应相同时，加大 P 的施肥量可以有效地促进苜蓿根系的发育，增强苜蓿对 P 的吸收能力，从而提高苜蓿干草产量。

赵云等（2013）的研究结果表明，施用 N 和 K 对紫花苜蓿干草产量影响不显著，而 P 在提高紫花苜蓿干草产量方面效果显著。在本试验中，试验区土壤 P 缺失较重，在 P 施肥量为 49.5kg/hm²、K 施肥量为 87kg/hm²、N 施肥量为

75kg/hm^2 时，干草产量最高，达 14 204.01kg/hm^2。金晶炜等（2007）在通辽市研究得到高产的最佳施肥方案是不施 CH_4NO，$Ca(H_2PO_4)_2$907.80kg/hm^2、K_2SO_4 1 320kg/hm^2。刘贵河等（2005）在温室灌溉条件下研究发现，P、K 施入量分别为120kg/hm^2 和200kg/hm^2 时，能获得较好的增产效果。本试验的结果与其不一致，主要是由于地理、气候和苜蓿品种的不同，导致高产所需要的施肥配比不同。侯湃等发现在土壤少 N、缺 P 的地区，N、P、K 配施能显著提高紫花苜蓿干草产量，其产量增幅在 17.31% ~ 29.28%。潘玲等（2012）研究指出，N、P、K 同时施用时，才能提高苜蓿产量。本试验中，苜蓿干草产量为无 K 处理（$P_2K_0N_2$）>N、P、K 处理（$P_2K_2N_2$）>无 P 处理（$P_0K_2N_2$）>无 N 处理（$P_2K_2N_0$）>无肥处理（$P_0K_0N_0$），表明 K 肥对苜蓿产量没有促进作用，反而会产生负效应，原因是试验区土壤中 K 含量较高，增施 K 肥会抑制苜蓿对其他离子的吸收，从而导致减产。

曾庆飞（2005）的研究结果表明，施 N 对苜蓿第一茬增产幅度较大，这是由于苜蓿刚进入返青期根瘤菌发育不全，固 N 能力较弱，需要吸收外来 N 以满足本身的需求。本试验结果表明，随着施 N 量的增加，干草产量呈先增加后下降的趋势，这与刘艳南的试验结果一致，施用 N 对苜蓿产量有一定的影响。

（二）施肥对中苜 2 号营养指标的影响

茎叶比是衡量苜蓿品质的重要指标，茎叶比大，植株的纤维素和木质素含量高，适口性差；茎叶比小，植株营养成分含量高，可增加植株的利用率。孙万斌（2016）的试验结果表明，N 对苜蓿的茎叶比有副作用，P 可以降低茎叶比，其原因是苜蓿本身具有固 N 作用，施加 N 会导致 N 过量。张杰等（2007）的试验中，苜蓿的鲜干比和茎叶比与 N 为负效应，与 P 为正效应，K 没有明显影响。本试验中施 P 会显著降低苜蓿茎叶比，随着 P 施用量的增加，苜蓿茎叶比也随之下降，P 与苜蓿茎叶比表现为正效应。本试验结果与上述研究结果基本一致。

试验区条件、土壤肥力、施肥量往往是影响苜蓿干草营养品质的重要因素。CP、NDF 和 ADF 的高低是体现苜蓿干草营养价值的重要指标之一。在很多国家，商业应用的苜蓿由 CP、NDF 和 ADF 含量高低来评价其品质的优劣，优质的苜蓿 CP 含量高于20%，ADF 含量低于30%，NDF 含量低于40%。范富等（2007）在内蒙古西辽河平原灰色草甸土上，利用"3414"试验方案得到 3 种苜蓿在初花期 CP 含量最高的是处理 $P_2K_3N_2$。马孝慧（2005）研究发现，N、P、K 配施提高苜蓿 CP 含量效果最好。肥料配施，能够促进其他矿物质的吸收，如 S 的吸收，能够促进 N 的吸收，从而增加苜蓿 CP 含量。本试验中 P、K、N 配施能显著提高苜蓿 CP 含量，其中处理 $P_2K_3N_2$［Ca（H_2PO_4）$_2$·$2H_2O33kg/hm^2$、$K_2SO_4130.5kg/hm^2$、CO（NH_2）$_275kg/hm^2$］CP 含量最高，但 NDF 和 ADF 含量在中下等。该试验结果与范富等（2007）和马孝慧（2005）得出的结论一致。

K 作为另外一种关键性肥料元素，不仅可以提高固 N 作用，还对苜蓿的光合作用十分重要，其影响光合产物的运输及蛋白质合成等。我国北方地区土壤中 K 含量充足，能满足苜蓿的基本生长需求。当 N、P 效果相同时，K 肥的施用可有效地提高苜蓿干草产量。施用过量的 K 不仅会影响苜蓿对其他营养元素的吸收，还会降低产量、浪费肥料。本试验的结果是随着 K 施用量的增加，苜蓿 CP 含量呈先降低后升高趋势，K 最佳施入量为 $130.5kg/hm^2$。邢月华等（2005）的研究结果表明，随着 K 施用量的增加，当年播种紫花苜蓿 CP 含量明显降低；在施 K 肥后，试验地紫花苜蓿地上生物量显著增加，同时增加了 CP 的积累量。低含量 K 在提高现蕾期、初花期紫花苜蓿体内 CP 积累速度上起到促进作用，而高含量 K 在提高盛花期、结荚期紫花苜蓿体内 CP 累积速度上起到了促进作用。紫花苜蓿生长对 K 的施加量要求较高，K 的充足供应是紫花苜蓿干草产量的重要保证，本试验结果与邢月华等（2005）的试验结果一致，都证明了 K 可以显著促进苜蓿 CP 含量（$P<0.05$）。

有研究者认为施加适量的 P 后，紫花苜蓿干草产量、CP 含量呈明显增加趋势。在对第一年紫花苜蓿施加 P 后，CP 含量增加效果不显著。有研究表明，施加 P 不仅可以提高紫花苜蓿干草产量，而且在提高单位面积 CP 含量方面也起到显著作用。施加 P 可以提高紫花苜蓿的茎叶比，促进植株个体叶片生长，增加单位面积干草产量，同时提高 CP 含量。有学者研究表明，P 的施加可以显著提高紫花苜蓿植株内 CP 含量和 WSC 含量，同时降低植株体内 NDF 含量，增加紫花苜蓿干草体外消化率。贾珺等（2009）研究发现，合理配施 N 肥有助于降低 CF 含量，从而提高苜蓿品质。汪茜等（2015）认为单施有机肥和配施 P、K 肥显著降低苜蓿 NDF 和 ADF 含量。温洋等（2005）研究结果表明，P 和 K 对苜蓿 NDF 和 ADF 含量无显著影响。本试验结果表明，处理 $P_2K_2N_0$ ［Ca（H_2PO_4）$_2$·$2H_2O$ 33kg/hm^2、K_2SO_4 87kg/hm^2、CO（NH_2）$_2$ 0kg/hm^2］的中性洗涤和 ADF 含量最低，RFV 较高，可以看出当 P 和 K 为中等水平时，不施 N 会降低苜蓿 NDF 和 ADF 含量。RFV 和 RFQ 是用来预测饲草吸收率和能量值的指数。RFV 和 RFQ 与牧草中的 NDF 有关，同时和 CP 含量也有关系。CP 含量的多少会影响 DDM 和 DMI，RFQ 中 TDN 的计算涉及 CP 等诸多因子。

N、P、K 配方施肥可以显著改善牧草营养品质，提高饲用价值，在施用 N 肥量较大的情况下配合施用适量的 P、K，可以获得品质较好的苜蓿干草。本试验通过单因素的不同水平进行对应分析，得出 P 肥对提高苜蓿 RFV 和 RFQ 的贡献率较大，其次是 K 和 N。N、P、K 各因素在较低水平时，RFV 和 RFQ 随着其增大而增加，但超过最佳水平后反而下降。

（三）不同施肥处理条件优化分析

采用三元二次回归是"3414"正交试验设计数据处理的科学方法，它将回归分析法与正交试验法有机结合起来。采用组合设计，具有试验次数少、数据处理简便、并可进行优化分析等优点。然而由于存在多个（3 个或 3 个以上）处理因素影响，建立的回归模型可能是全信息模型，也可能是通过统计学显著性检验的最优回归模型，无论是全信息模型还是最优回归模型，影响测定指标的三元函数图形是四维空间的点集，待测指标受施肥因素的影响不能直接想象为函数的增减，三元函数驻点的多寡由函数的性质和特点确定；如果将二元函数最大值的求解方法简单应用于三元函数，可能会得出不正确的结果，即使是唯一的稳定点也不能断言此点就是最优解。因此，本研究引入计算机模拟技术，对此三元函数进行模拟寻优分析，以使得到的结果更为可靠，这一点与陈荣江等（2011）的分析方法一致。本研究对不同施肥处理的各项指标进行模拟寻优分析，但寻优的分析结果依据稍显不足，原因是除 NDF 和 ADF 外，其他指标可以寻优寻找最大值区域的处理因素水平，而 NDF 和 ADF 不能简单地以高或者以低来进行寻优处理，本研究根据中国饲料数据库，利用标准及统计学的 95% 置信区间选择的值域进行处理可得到最优结果。结果和表现出的规律与其他学者的研究存在很多相同之处, 如姜慧新、刘栋等, 但也有不同之处, 如吴建新指出施肥对草原 3 号杂花苜蓿生产性能的影响, 主要由于地区、土壤类型以及作物品种不同。结合回归模型和计算机模拟寻优技术, 得到本研究的最佳施肥量为 P 肥 31.70~33.40kg/hm², K 肥 78.32~86.05kg/hm², N 肥 73.08~74.80kg/hm², 原因是计算机模拟寻优是寻找模型多个空间驻点的均值情况。

第二节 结 论

本试验通过对土默特地区 12 个不同苜蓿品种进行农艺性状评价, 探究不同品种、不同茬次对苜蓿的产量及营养品质的影响。中苜 2 号苜蓿 3 年平均干草产量达 12 381.3kg/hm², 平均 CP 含量为 21.43%, 平均 RFV 为 131.66%。根据苜蓿产量和 RFV 耦合作用, 将 12 个苜蓿品种分为 3 类, 其中耦合作用最高的是中苜 2 号; 草原 2 号、惊喜、金皇后、草原 3 号、三得利和 WL903 耦合作用居中; 驯鹿、皇后、赛迪、WL525 和敖汉苜蓿耦合作用较低。综合 3 年品比试验结果, 全年苜蓿干草总产量的多少主要体现在第一茬苜蓿干草上, 第二茬和第三茬苜蓿干草产量依次递减。第一茬和第二茬苜蓿干草产量占全年苜蓿干草产量的 70% 以上。12 份供试材料中, 中苜 2 号苜蓿产量稳定, 营养品质较好, 可进一步推广应用。

通过不同行距对苜蓿农艺性状和品质的影响可知, 从返青期到盛花期, 随着生育期的推进, 不同行距处理的中苜 2 号株高和生长速率呈逐渐增高趋势。盛花期时, 行距 35cm 时中苜 2 号株高和生长速率高于其他行距。行距为 35cm 和 25cm 时, 中苜 2 号苜蓿的枝条数较多。行距为 15cm 时, 中苜 2 号苜蓿节间最长。行距为 25cm 时, 节间数最多。随着播种行距的增加, 从初花期到结实期, 中苜 2 号苜蓿叶面积呈先升高后降低的趋势, 当行距 25cm 时, 中苜 2 号苜蓿于盛花期和结实期的叶面积最大。随着播种行距的增加, 干草产量和 CP 含量呈先增加后下降趋势。当行距为 25cm 时, 中苜 2 号的干草产量和 CP 含量最高, 分别为 10 146.39kg/hm² 和 19.83%。不同茬次对中苜 2 号苜蓿的干草产量和 CP 含量有显著影响, 行距为 25cm 和 35cm 时, 3 个茬次的干草产量和 CP 含量都较高。

3个茬次的干草产量由高到低的排序为第一茬>第二茬>第三茬。4个不同种植行距处理试验中，行距25cm的种植效果最佳。

"3414"试验结果表明，随着 K 肥施用量的升高，苜蓿产量出现降低的趋势，而苜蓿叶片内 CP 含量呈现先降低后上升趋势，综合其对苜蓿品质及产量的影响，推荐 K 肥施肥量为 2 水平。随着 N 肥含量的升高，苜蓿 CP 含量也升高，因此 N 肥以 3 水平下较好。P 肥含量为 3 水平时，苜蓿产量最高，但 RFV 并无较大优势，并且在实际试验中，N 肥和 P 肥进行交互作用，随着 N、P 水平的升高，苜蓿产量呈现先上升后下降的趋势，因此推荐 N、P 施肥量在 2 水平。

中苜2号最佳施肥量优化分析中模拟寻优分析与"3414"试验实测值较为接近，模拟最优施肥量推荐范围为：P 肥 $31.70 \sim 33.40 \text{kg/hm}^2$、K 肥 $78.32 \sim 86.05 \text{kg/hm}^2$、N 肥 $73.08 \sim 74.80 \text{kg/hm}^2$。

参考文献

白玉龙，姜永，巴雅尔，等，2002. 紫花苜蓿自然株高变量分析 [J]. 草业科学，19（6）：32-34.

白玉龙，乌艳红，韩晓华，1999. 紫花苜蓿株龄与其营养成分关系的研究 [J]. 草业科学，16（1）：18-21.

鲍士旦，1994. 土壤农化分析 [M]. 北京：中国农业出版社.

蔡海霞，杨浩哲，王跃卿，等，2013. 刈割对紫花苜蓿草产量和品质的影响 [J]. 中国草食动物科学，33（2）：66-69.

曹永红，2008. 不同生长年限的苜蓿生物特性及草地水肥性状变化的研究 [D]. 杨凌：西北农林科技大学.

曾庆飞，2005. 施肥对紫花苜蓿生产性能和土壤肥力的影响研究 [D]. 杨凌：西北农林科技大学.

柴来智，郇庚年，张和平，等，1991. 碱茅草产量构成因素分析及动态变化初探 [J]. 草业科学，8（4）：27-29.

常春，尹强，刘洪林，2013. 苜蓿适宜刈割期及刈割次数的研究 [J]. 中国草地学报，35（5）：53-56.

陈宝书，2010. 牧草饲料作物栽培学 [M]. 北京：中国农业出版社.

陈建勋，王晓峰，2002. 植物生理生化实验指导 [M]. 广州：华南理工大学出版社.

陈莲芳，2013. 中国苜蓿草市场现状与前景分析 [J]. 中国乳业（1）：32-33.

陈萍，沈振荣，迟海峰，等，2013. 不同施肥处理对紫花苜蓿产量和株高的影响［J］. 草业与畜牧（3）：8-11.

陈强，2007. 磷肥对苜蓿生长发育和种子产量影响的研究［D］. 乌鲁木齐：新疆农业大学.

陈荣江，杨香玲，孙长法，2011. 棉花"3414"回归设计技术参数分析方法的探讨［J］. 河南科技学院学报，39（2）：1-6.

程积民，万惠娥，王静，2005. 黄土丘陵区紫花苜蓿生长与土壤水分变化［J］. 应用生态学报，16（3）：435-438.

董君，2001. 西部地区苜蓿产业化发展的战略思考［J］. 饲料广角（10）：28-29.

杜书增，杨云贵，辛亚平，等，2013. 紫花苜蓿品种及刈割茬次对产量及营养价值的影响［J］. 家畜生态学报，34（7）：44-48.

杜书增，2014. 3个苜蓿品种不同时期刈割对产量及营养价值的影响［D］. 杨凌：西北农林科技大学.

杜文华，田新会，曹致中，2007. 播种行距和灌水量对紫花苜蓿种子产量及其构成因素的影响［J］. 草业学报，16（3）：81-87.

多立安，罗新义，李红，等，1996. 一年三次刈割苜蓿高度生长动态模型的研究［J］. 天津师大学报（自然科学版），16（1）：55-59.

樊江文，2001. 红三叶再生草的生物学特性研究［J］. 草业科学，18（4）：18-22+26.

范富，张宁，张国庆，等，2007. 施肥对敖汉苜蓿鲜草产量及营养成分的影响［J］. 中国草地学报，29（5）：36-42.

冯毓琴，曹致中，2009. 天蓝苜蓿野生种植质的品质分析研究［J］. 草业科学，26（10）：80-84.

符昕，2006. 刈割时间对不同苜蓿品种再生生长特性及产草量的影响［D］. 兰州：甘肃农业大学.

甘肃农业大学草原系，1991. 草原学与牧草学实习实验指导书［M］. 兰州：甘肃科学技术出版社.

高永革，李黎，刘祥，等，2008. 黄河滩区紫花苜蓿生产性能比较研究
　[J]. 草业科学，25（7）：59-64.

葛选良，杨恒山，邰继承，等，2009. 不同生长年限紫花苜蓿需磷规律及其
　土壤供磷能力的研究[J]. 土壤通报，40（5）：1131-1134.

关潇，2009. 野生紫花苜蓿种质资源遗传多样性研究[D]. 北京：北京林
　业大学.

郭正刚，刘慧霞，王彦荣，2004. 刈割对紫花苜蓿根系生长的影响的初步分
　析[J]. 西北植物学报，24（2）：215-220.

哈斯巴特尔，姚蒙，赵景峰，等，2012. 内蒙古苜蓿种植现状及发展对策
　[J]. 当代畜禽养殖业，3（5）：3-8.

韩峰，高雪，彭志良，等，2009. 贵州水稻"3414"肥料试验模型拟合的探
　讨[J]. 贵州农业科学，37（6）：235-238.

韩光，2011. 酸性胁迫下 Ca、P 及接种量对苜蓿-根瘤菌体系群体感应及固
　氮性能的影响[D]. 重庆：西南大学.

韩路，贾志宽，韩清芳，等，2003. 紫花苜蓿主要性状的对应分析[J]. 中
　国草地学报，25（5）：38-42.

韩路，贾志宽，王海珍，2003. 耕作栽培措施对苜蓿产草量的影响[J]. 四
　川草原（5）：33-35.

韩路，2002. 不同苜蓿品种的生产性能分析及评价[D]. 杨凌：西北农林
　科技大学.

韩雪松，1999. 不同施肥条件对紫花苜蓿性状及磷元素转化吸收影响的研究
　[D]. 北京：中国农业大学.

何峰，韩冬梅，万里强，等，2014. 我国主产区紫花苜蓿营养状况分析
　[J]. 植物营养与肥料报，20（2）：503-509.

何云，霍文颖，张海棠，等，2007. 紫花苜蓿的营养价值及其影响因素
　[J]. 安徽农业科学，35（11）：3243-3244+3259.

洪绂曾，卢欣石，高洪文，2009. 苜蓿科学[M]. 北京：中国农业出版社.

侯敏，2010. 30个苜蓿材料生长特性与品质的比较及综合评价[D]. 呼和

浩特：内蒙古大学.

候湃，刘自学，刘艺杉，等，2014. 北京平原区紫花苜蓿施肥组合试验
[J]. 草业科学，31（1）：144-149.

胡卉芳，李青丰，徐军，等，2003. 几个引进苜蓿品种在内蒙古呼和浩特地
区的品比试验[J]. 中国草地（6）：25-27.

华利民，王仁，安景文，等，2008. 不同苜蓿品种刈割时期与产草量·粗蛋
白质含量的关系[J]. 安徽农业科学，36（31）：13576-13577.

黄虎平，李志强，2003. 苜蓿干草的蛋白质营养特性[J]. 中国乳业（9）：
19-21.

霍海丽，王琦，张恩和，等，2014. 灌溉和施磷对紫花苜蓿干草产量及营养
成分的影响[J]. 水土保持研究，21（1）：117-121+126.

贾珺，韩清芳，周芳，等，2009. 氮磷配比对旱地紫花苜蓿产量构成因子及
营养成分的影响[J]. 中国草地学报，31（3）：77-82.

贾玉山，格根图，孙磊，等，2015. 苜蓿收获期研究现状[J]. 中国草地学
报，37（6）：91-96.

贾玉山，格根图，2013. 中国北方草产品[M]. 北京：科学出版社.

江玉林，卢欣石，申玉龙，等，1995. 中国苜蓿品种营养价值评定[J]. 草
业科学，12（2）：25-31.

姜慧新，刘栋，孟晓静，等，2012. 氮、磷、钾配合施肥对紫花苜蓿产草量
的影响[J]. 草业科学，29（9）：1441-1445.

姜慧新，沈益新，翟桂玉，等，2009. 施磷对紫花苜蓿分枝生长及产草量的
影响[J]. 草地学报，17（5）：588-592.

金晶炜，熊俊芬，范富，等，2007. 氮、磷、钾肥互作效应与紫花苜蓿产量
的影响[J]. 云南农业大学学报，22（5）：719-722.

康爱民，龙瑞军，师尚礼，等，2002. 苜蓿的营养与饲用价值[J]. 草原与
草坪（3）：31-33.

康俊梅，杨青川，郭文山，等，2010. 北京地区10个紫花苜蓿引进品种的
生产性能研究[J]. 中国草地学报，32（6）：5-10.

李昌伟, 高飞, 刘继远, 2008. 紫花苜蓿发育规律及不同收获茬次产量与营养构成研究 [J]. 北京农业 (9): 17-20.

李富娟, 玉永雄, 2006. 苜蓿蛋白质及影响苜蓿粗蛋白质含量的主要因素 [J]. 中国饲料 (5): 34-37.

李富宽, 翟桂玉, 沈益新, 等, 2005. 施磷和接种根瘤菌对黄河三角洲紫花苜蓿生长及品质的影响 [J]. 草业学报, 14 (3): 87-93.

李改英, 刘德稳, 高腾云, 等, 2011. 苜蓿的营养特点及对反刍动物作用机理的研究 [J]. 江西农业学报, 23 (1): 172-175+180.

李光耀, 张力君, 孙启忠, 等, 2014. 苜蓿不同生育期营养特性的对比分析研究 [J]. 粮食与饲料工业 (5): 44-46+50.

李清波, 2009. 平顶山市实施测土配方施肥项目状况及问题研究 [D]. 郑州: 河南农业大学.

李荣霞, 2007. 不同施肥水平对紫花苜蓿产量、营养吸收及土壤肥力的影响 [D]. 乌鲁木齐: 新疆农业大学.

李铁墙, 袁珣, 2014. 凯氏定氮装置的改进 [J]. 中国卫生检验杂志, 24 (13): 1972-1973.

李兴佐, 朱启臻, 鲁可荣, 等, 2008. 企业主导型测土配方施肥服务体系的创新与启示 [J]. 经济研究 (4): 25-28.

李焱华, 2006. 对应分析技术在市场研究中的应用 [J]. 科技情报开发与经济, 16 (21): 164-165.

林洁荣, 刘建昌, 苏水金, 等, 2001. 种植密度对闽牧 42 牧草的影响 [J]. 草原与草坪, 37 (2): 30-32+37.

林丽秀, 2008. 54 个紫花苜蓿品种在成都的引种适应性研究 [D]. 雅安: 四川农业大学.

林永生, 柯碧南, 黄秀声, 等, 2003. 8 个苜蓿品种在福州地区适应性试验初报: 第二届中国苜蓿发展大会暨牧草种子、机械、产品展示会论文集 [C]. 92-94.

蔺蕊, 蒋平安, 周抑强, 等, 2004. 苜蓿土壤氮磷钾丰缺指标初步研究

[J]. 新疆农业大学学报, 27 (1): 23-28.

刘东霞, 刘贵河, 杨志敏, 2015. 种植及收获因子对紫花苜蓿干草产量和茎叶比的影响 [J]. 草业学报, 24 (3): 48-57.

刘懂伟, 2015. 平衡高效为"牧草之王"施肥关键 [J]. 中国农资 (27): 19.

刘贵河, 屈振华, 王堃, 等, 2005. 氮、微量元素肥料对紫花苜蓿草产量的影响 [J]. 河北北方学院学报 (自然科学版), 21 (5): 48-51.

刘来福, 1991. 作物数量遗传学 [M]. 北京: 农业出版社.

刘利群, 2007. 不同施肥量对苜蓿产量及品质影响的探讨 [J]. 新疆农业职业技术学院学报 (2): 39-43.

刘伟伟, 2013. 紫花苜蓿种质资源评价及新种质的鉴定 [D]. 呼和浩特: 内蒙古农业大学.

刘艳飞, 2008. 基于测土配方施肥试验的肥料效应与最佳施肥量研究 [D]. 武汉: 华中农业大学.

刘艳南, 刘晓静, 2014. 施肥对两个紫花苜蓿品种生产性能及营养品质的影响 [J]. 甘肃农业大学学报. 49 (1): 111-115+120.

刘燕, 贾玉山, 冯骁骋, 等, 2014. 紫花苜蓿刈割和晾晒技术研究 [J]. 草地学报, 22 (2): 404-408.

刘永儒, 2007. 紫花苜蓿营养与饲用价值的科学评价 [J]. 榆林科技 (5): 26-28.

刘玉凤, 王明利, 胡向东, 等, 2014. 美国苜蓿产业发展及其对中国的启示 [J]. 农业展望, 10 (8): 49-54.

刘玉华, 2006. 紫花苜蓿生长发育及产量形成与气候条件关系的研究 [D]. 杨凌: 西北农林科技大学.

刘震, 刘金祥, 张世伟, 2008. 刈割对豆科牧草的影响 [J]. 草业科学, 25 (8): 79-84.

刘卓, 徐安凯, 耿慧, 等, 2009. 8个紫花苜蓿品种比较试验 [J]. 草业科学, 26 (8): 118-121.

罗新义，李红，王凤国，2001. 苜蓿不同环境条件不同年份的产量相关及通径分析：中国农学会论文集［C］. 351-354.

吕林有，何跃，赵立仁，2010. 不同苜蓿品种生产性能研究［J］. 草地学报，18（3）：365-371.

马其东，巴图乎，程霞，2004. 若干引进牧草品种的适应性研究［J］. 草业科学（3）：17-22.

马孝慧，阿不来提·阿不都热依木，孙宗玖，等，2005. 氮、磷、钾、硫肥对苜蓿产量和品质影响［J］. 新疆农业大学学报，28（1）：18-21.

马孝慧，2005. 施肥对苜蓿产量与品质的影响及其经济效益分析［D］. 乌鲁木齐：新疆农业大学.

孟昭仪，2001. 苜蓿研究工作回顾：首届中国苜蓿发展大会论文集［C］. 32-40.

南红梅，王俊鹏，闫建波，2004. 8个引进苜蓿品种的生长特性比较研究［J］. 西北植物学报，24（12）：2261-2265.

南丽丽，师尚礼，郭全恩，等，2012. 不同根型苜蓿根颈变化特征分析［J］. 中国生态农业学报，20（7）：914-920.

牛小平，呼天明，杨培志，等，2006. 22个紫花苜蓿品种生产性能比较研究［J］. 西北农林科技大学学报（自然科学版），34（5）：45-49.

潘玲，魏臻武，武自念，等，2012. 施肥和播种量对扬州地区苜蓿生长特性和产草量的影响［J］. 草地学报，20（6）：1099-1104.

曲善民，郑殿峰，冯乃杰，等，2010. 紫花苜蓿施肥技术的研究进展［J］. 黑龙江畜牧兽医，9（6）：32-34.

沈文彤，王静，张蕴薇，等，2010. 种植行距与施肥量对柳枝稷产量及粗蛋白质含量的影响［D］. 草地学报，18（4）：594-597.

盛亦兵，贾春林，苗锦山，等，2004. 不同茬次刈割对苜蓿生长发育动态及产量的影响［J］. 华南农业大学学报，25（S2）：21-23.

石永红，王运琦，郭锐，等，2010. 混播方式及行距对紫花苜蓿与无芒雀麦混播草地产量及其组分变化的影响：中国草学会青年工作委员会学术研讨

会论文集 [C]. 575-580.

史纪安, 刘玉华, 贾志宽, 2009. 紫花苜蓿第 1 茬地上部干物质生长过程与有效积温的关系 [J]. 草业科学, 26 (8): 81-86.

孙建华, 王彦荣, 余玲, 2004. 紫花苜蓿品种间产量性状评价 [J]. 西北植物学报, 24 (10): 1837-1844.

孙建华, 王彦荣, 余玲, 2004. 紫花苜蓿生长特性及产量性状相关性研究 [J]. 草业学报, 13 (4): 80-86.

孙启忠, 桂荣, 2000. 影响苜蓿草产量和品质诸因素研究进展 [J]. 中国草地 (1): 58-61.

孙启忠, 玉柱, 徐春城, 2012. 我国苜蓿产业亟待振兴 [J]. 草业科学, 29 (2): 314-319.

孙万斌, 2016. 不同生境下 20 个紫花苜蓿品种的综合评价及不同生育期营养特性的比较 [D]. 兰州: 甘肃农业大学.

孙彦, 杨青川, 杨启简, 等, 2001. 北京地区 8 个紫花苜蓿品种产量比较研究: 首届中国苜蓿发展大会论文集 [C]. 90-92.

郜继承, 杨恒山, 范富, 等, 2010. 播种方式对紫花苜蓿+无芒雀麦草地土壤碳密度和组分的影响 [J]. 草业科学, 27 (6): 102-107.

田玮, 杨雨鑫, 徐峰, 等, 2003. 紫花苜蓿品种引种筛选的研究 [J]. 河南农业大学学报, 37 (1): 90-93.

田新会, 杜文华, 2008. 氮、磷、钾肥对紫花苜蓿种子产量及产量构成因素的影响 [J]. 中国草地学报, 30 (4): 16-19.

涂仕华, 2003. 化肥在农业可持续发展中的作用与地位 [J]. 西南农业学报, 16 (S1): 7-11.

托尔坤·买买提, 于磊, 郭江松, 等, 2009, 施肥对两个苜蓿品种饲草产量和品质的影响比较 [J]. 新疆农业科学, 46 (6): 1373-1377.

万素梅, 胡守林, 张波, 等, 2004. 不同紫花苜蓿品种产草量及营养成分分析 [J]. 西北农业学报, 13 (1): 14-17.

万素梅, 2004. 不同施肥水平苜蓿生产性能研究 [D]. 杨凌: 西北农林科技大学．

汪茜，陈本建，张丽珍，2015．有机肥与化肥配施对低产田苜蓿产量、品质和经济效益的影响［J］．草原与草坪，35（4）：75-79．

汪茜，王生文，陈伟，等，2016．施肥对民乐低产田苜蓿产量、品质及经济效益的影响［J］．草业科学，33（2）：230-239．

王成章，田玮，杨雨鑫，等，2003．国内外十种紫花苜蓿生产性能比较研究：第二届中国苜蓿发展大会暨牧草种子、机械、产品展示会论文集［C］．156-158．

王成章，田玮，杨雨鑫，等，2004．国内外10种紫花苜蓿引种试验研究［J］．西北农林科技大学学报（自然科学版），32（3）：28-32．

王成章，许向阳，杨雨鑫，等，2002．不同紫花苜蓿品种引种试验研究［J］．西北农林科技大学学报（自然科学版），30（3）：29-31．

王聪明，2011．高产优质紫花苜蓿施肥效应研究［D］．呼和浩特：内蒙古农业大学．

王俊平，2003．紫花苜蓿草产量与品质调控的研究［D］．北京：中国农业大学．

王克武，陈清，李晓林，2003．施用硼、锌、钼肥对紫花苜蓿生长及品质的影响［J］．土壤肥料（3）：24-28．

王其选，陈绍荣，王美华，等，2011．研发新型有机肥料，建设中国特色的新型肥料产业：2011新型肥料研发与新工艺、新设备研究应用研讨会［C］．65-68．

王庆锁，2004．苜蓿生长和营养物质动态研究［J］．草地学报，12（4）：264-267．

王文涛，杨志敏，刘怡，等，2015．16个苜蓿品种在张家口地区的引种表现［J］．农业开发与装备（8）：60．

王显国，韩建国，刘富渊，等，2006．穴播条件下株行距对紫花苜蓿种子产量和质量的影响［J］．中国草地学报，24（6）：20-23．

王晓光，2011．饲草型全混日粮饲用价值评价研究［D］．呼和浩特：内蒙古农业大学.

王兴仁，张福锁，等，1996. 现代肥料试验设计 [M]. 北京：中国农业出版社.

王亚玲，2007. 苜蓿种质资源产量与品质构成因子相关性分析及评价 [D]. 兰州：甘肃农业大学.

王赟，李源，孙桂枝，等，2008. 国内外 16 个紫花苜蓿品种生产性能比较研究 [J]. 中国农学通报，24 (12)：4-10.

王钊，2008. 种植密度对草原 3 号杂花苜蓿生长发育的影响 [D]. 呼和浩特：内蒙古农业大学.

王志锋，2015. 不同生长型苜蓿营养生长于有性繁殖的生态研究 [D]. 长春：东北师范大学.

温洋，金继运，黄绍文，等，2005. 不同磷水平对紫花苜蓿产量和品质的影响 [J]. 土壤肥料 (2)：21-24.

文霞，2010. 水肥对紫花苜蓿生产性能和品质的影响研究 [D]. 兰州：兰州大学.

吴建新，2007. 施肥对草原 3 号杂花苜蓿生产性能的影响 [D]. 呼和浩特：内蒙古农业大学.

吴秋艳，罗家传，2010. "3414" 肥料实验分析方法探讨 [J]. 山东农业科学 (8)：90-94.

吴瑞香，杨建春，2011. 不同播种密度对晋亚 9 号旱作产量及其相关性状的影响 [J]. 山西农业科学，39 (7)：664-666.

武兰芳，欧阳竹，2014. 不同播种量与行距对小麦产量与辐射截获利用的影响 [J]. 中国生态学报，22 (1)：31-36.

肖燕子，格根图，吕世杰，等，2016. 中苜 2 号苜蓿高产配方施肥的研究 [J]. 干旱区资源与环境，30 (9)：183-189.

肖燕子，于洁，刘伟伟，等，2014. 苜蓿品种产量与饲用品质评价：中国草业会议论文集 [C]. 120-127.

谢勇，孙洪仁，张新全，等，2012. 坝上地区紫花苜蓿氮、磷、钾施肥效应

与推荐施肥量 [J]. 中国草地学报，34（2）：52-57.

邢月华，谢甫绨，汪仁，等，2005. 钾肥对苜蓿光合特性和品质的影响 [J]. 草业科学，22（12）：40-43.

许令妊，林柏和，刘育萍，等，1982. 几种紫花苜蓿营养物质含量动态的研究 [J]. 中国草原（3）：14-23.

阎旭东，朱志明，李桂荣，等，2001. 六个苜蓿品种特性分析 [J]. 草地学报，9（4）：302-306.

杨春，王明利，刘亚钊. 2011. 中国的苜蓿草贸易-历史变迁、未来趋势与对策建议 [J]. 草业科学，28（9）：1711-1717.

杨恩忠，1986. 不同刈割期对苜蓿饲用品质的影响 [J]. 草地与饲料（2）：35-37.

杨浩宏，席琳乔，王栋，等，2016. 滴灌条件下氮、磷、钾肥效应对紫花苜蓿草产量的影响 [J]. 新疆农业科学，53（6）：1099-1106.

杨恒山，曹敏建，郑庆福，等，2004. 刈割次数对苜蓿产草量、品质及根的影响 [J]. 作物杂志（2）：33-34.

杨培志，2003. 二十二个紫花苜蓿品种生长早期的比较研究 [D]. 杨凌：西北农林科技大学.

杨青川，耿华珠，郭文山，等，2003. 紫花苜蓿新品系中苜二号产量比较试验 [J]. 中国畜牧兽医，30（6）：29-31.

杨青川，孙彦，2011. 中国苜蓿育种的历史、现状与发展趋势 [J]. 中国草地学报，33（6）：95-101.

杨胜，1993. 饲料分析及饲料质量检测技术 [M]. 北京：农业大学出版社.

杨苗萌，2010. 紫花苜蓿营养与质量评价及市场情况 [J]. 中国乳业（5）：28-32.

叶学春，2004. 测土配方施肥是农业发展的战略性措施 [J]. 中国农技推广，4（7）：143-144.

尹强，2013. 苜蓿干草调制贮藏技术时空异质性研究 [D]. 呼和浩特：内蒙古农业大学.

于林清，田青松，徐柱，2003．中国苜蓿国家审定品种的生产性能及持久性分析评价：第二届中国苜蓿发展大会暨牧草种子、机械、产品展示会论文集［C］．110-113．

岳彩娟，李生宝，蔡进军，等，2009．刈割对紫花苜蓿的补偿效应研究进展［J］．农业科学研究，30（4）：73-77．

于林清，田青松，徐柱，2003．中国苜蓿国家审定品种的生产性能及持久性分析评价：第二届中国苜蓿发展大会暨牧草种子、机械、产品展示会论文集［C］．110-113．

张春梅，王成章，胡喜峰，等，2005．紫花苜蓿的营养价值及应用研究进展［J］．中国饲料，12（1）：15-17．

张凡凡，于磊，鲁为华，等，2013．高效利用磷肥提高我国苜蓿生产力的研究进展［J］．草食家畜（5）：6-11．

张鹤山，陈明新，田宏，等，2014．行距和播量对巴东红三叶生产性能的影响［J］．江苏农业科学，42（11）：225-228．

张辉，1990．实验室估测牧草质量的方法［J］．牧草与饲料（2）：11-13．

张建华，王彦荣，余玲，2004．紫花苜蓿品种间产量性状评价［J］．西北植物学报，24（10）：1837-1844．

张杰，贾志宽，韩清芳，2007．不同养分对苜蓿茎叶比和鲜干比的影响［J］．西北农业学（4）：121-125．

张磊，梁卫，陈一昊，等，2014．施氮肥对紫花苜蓿产量及饲用营养品质的影响［J］．吉林农业科学，39（5）：62-66．

张丽英，2012．饲草分析及饲料质量检测技术［M］．北京：中国农业大学出版社．

张萌萌，敖红，张景云，等，2014．建植年限对紫花苜蓿根际土壤微生物群落功能多样性的影响［J］．草业科学，31（5）：87-796．

张琴，2005．测土配方施肥——化肥施用史上的一次革命［J］．中国农资（2）：47．

张榕，阿不满，曹志东，2003．紫花苜蓿引种对比试验研究：第二届中国苜蓿发展大会暨牧草种子、机械、产品展示会论文集 [C]. 55-57.

张文旭, 2014. 紫花苜蓿荚的光合性能及产物转运、作用机理研究 [D]. 北京：中国农业大学.

张晓娜, 宋书红, 林艳艳, 等, 2016. 生育期和品种对紫花苜蓿产量及品质的影响 [J]. 草地学报, 24 (3): 676-681.

张学洲, 兰吉勇, 张荟荟, 等, 2016. 不同施肥配比对多叶型紫花苜蓿产量、品质和效益的影响 [J]. 现代农业科技 (4): 270-273.

张银敏, 2010. 行距与施肥对紫花苜蓿和蒙农红豆草种子产量及质量的影响 [D]. 北京：中国农业科学院.

赵萍, 何俊彦, 赵功强, 等, 2003. 宁夏干旱半干旱区苜蓿引种试验报告：第二届中国苜蓿发展大会暨牧草种子、机械、产品展示会论文集 [C]. 163-164.

赵云, 谢开云, 杨秀芳, 等, 2013. 氮磷钾配比施肥对敖汉苜蓿产量和品质的影响 [J]. 草业科学, 30 (5): 723-727.

郑红梅, 2005. 22 个苜蓿品种生长和品质特性研究及综合评价 [D]. 杨凌：西北农林科技大学.

周苏玟, 李潮海, 连艳鲜, 等, 2000. 旱作条件下夏玉米杂交种综合性状研究 [J]. 河南农业大学学报 (2): 109-113.

朱涛, 张中原, 李金凤, 等, 2004. 应用二次回归肥料试验"3414"设计配置多种肥料效应函数功能的研究 [J]. 沈阳农业大学学报, 35 (3), 211-215.

ALBRECHT K A, WEDIN W F, BUXTON D R, 1987. Cell-wall composition and digestibility of alfalfa stems and leaves [J]. Crop Science, 4 (2): 735-741.

ALLEN S, 1985. Heritability of NaCl tolerance of alfalfa during seed germination [J]. Agronomy Journal, 77: 99-101.

ANDERSON W A, 1988. Alfalfa harvest review [J]. Diary Herd Manage, 25 (5): 36-37.

BOUTON J H, BROWN R H, BOLTON J K, et al., 1981. Photosynthesis of grass species differing in carbon dioxide fixation pathways: VII. chromosome numbers, metaphase I chromosome behavior, and mode of reproduction of photosynthetically distinct panicum species [J]. Plant Physiolology, 67 (3): 433-437.

CHMELIKOVA L, WOLFRUM S, SCHMID H, et al., 2015. Seasonal development of biomass yield in grass legume mixtures on different soils and development of above and belowground organs of medicago sativa [J]. Archives of Agronomy and Soil Science, 61 (3): 329-346.

CHON S U, CHOI S K, JUNG S, et al., 2002. Effects of alfalfa leaf extracts and phenolic allelochemicals on early seedling growth and root morphology of alfalfa and barnyard grass [J]. Crop Protection, 21 (10): 1077-1082.

CIHACEK L J, 1993. Phosphorus source effects on alfalfa yield, total nitrogen content, and soil test phosphorus [J]. Communications in Soil Science and Plant Analysis, 24 (15-16): 2043-2057.

FICK GW, ONSTAD DW, 1988. Statistical model forpredicting alfalfa herbage quality from morphological or weather data [J]. Journal of Production Agriculture, 2 (1): 160-166.

FRAKES R V, DAVIS F L, PATTERSON F L, 1961. The breeding behavior of yield and related variables in Alfalfa associations between character [J]. Crop Science, 2 (3): 23-37.

MO X G. LIU S X, 2001. Simulating evapotranspiration and photosynthesis of winter wheat over the growing season [J]. Agricultural and Forest Meterology, 109 (3): 203-222.

JEFFERSON P G, CUTFORTH H W, 1997. Sward age and weather effects on alfalfa yield at a semi-arid location in southwestern saskatchewan [J]. Canadian Journal of Plant Science, 77 (8): 595-599.

JOKELA B, BOSWORTH S, TRICOU J, et al., 1999. Phosphorus and potassium for alfalfa grass forages: soil test, crop response, and water quality [R]. Lower Missisquoi Water Quality Project.

KALU B A, FICK G W. 1981. Quantifying morphological development of alfalfa for studies of herbage quality [J]. Crop Science, 21 (2): 267-270.

KALU B A, FICK G W, 1983. Morphological stage of development as a predictor of alfalfa herbage quality [J]. Crop Science, 23 (6): 1167-1172.

KEHR W R, SORENSEN R C, BURTON J C, 1979. Field performance of 12 strains of rhizobium on 4 alfalfa varieties [J]. Report of Alfalfa Improvement Conference, 3 (4): 25.

KEPHART K D, TWIDWELL E K, BORTNEM R, et al., 1992. Alfalfa yield component responses to seeding rate several years after establishment [J]. Agronomy Journal, 84 (5): 827-831.

LEES G L, 1984. Cuticle and cell wall thickness: relation to mechanical strength of whole leaves and isolates cells from some forage legumes [J]. Crop Science, 24 (6): 1077-1081.

MIN D H, VOUGH L R, REEVES J B, 2002. Dairy slurry effects on forage quality of orchardgrass, reed canarygrass and alfalfa-grass mixtures [J]. Animal Feed Science and Technology, 95 (3-4): 143-157.

MORRISON I M, 1991. Changes in the biodegraded ability of rye grass and legume fibbers by chemical and biological pretreatments [J]. Science of Food and Agriculture, 25 (4): 521-533.

NORDKVIST E, AMAN P, 1986. Changes during growth in anatomical and chemical composition and in-vitro degradability oflucerne [J]. Journal of the Science of Food and Agriculture, 37 (1): 1-7.

RODNEY W H, ALBRECHT K A, 1991. Prediction ofalfalfa chemical composition from maturity and plant morphology [J]. Crop Science, 31 (6): 1561-1565.

ROWE D E, 1988. Alfalfapersistence and yield in high density stands [J]. Crop

Science, 28 (3): 491-494.

RUMBAUGH M D, JOHNSON D A, RINEHART D N, 1983. Stand density, shoot weight, and acetylene reduction activity of all alfalfa populations subjected to field and greenhouse moisture gradients [J]. Crop Science, 23 (4): 784-789.

SANDERSON M A., WEDIN W F, 1989. Phenological stage and herbage quality relationships in temperate grasses and legumes [J]. Agronomy Journal, 81 (6): 864-869.

SARATHA K, DAVID J. HUME, GODFREY C, 2001. Genetic improvement in short season soybeans: I dry matter accumulation, partitioning, and leaf area duration [J]. Crop Science, 41 (2): 391-398.

SCHONHERR J, 1976. Water permeability of isolated cuticular membranes: the effect of pH and cations on diffusion, hydrodynamic permeability and size of polar pores in the cut in matrix [J]. Planta, 128 (2): 113-126.

VOLENEC J J, CHERNEY J H, JOHNSON K D, 1987. Yield components, plant morphology, and forage quality of alfalfa as influenced by plant population [J]. Crop Science, 27 (2): 321-326.

WHITE L M, WIGHT J R, 1984. Forage yield and quality of dryland grasses and legumes [J]. Rangeland Ecology & Management/Journal of Range Management Archives, 37 (3): 233-236.